青少年科学素质丛书

主编 王挺　　副主编 高宏斌 李秀菊

青少年
科学素质培养
实践研究

RESEARCH ON THE PRACTICE OF
CULTIVATING SCIENTIFIC LITERACY OF ADOLESCENTS

QUALITY

李诺 黄瑄 李秀菊 著

社会科学文献出版社
SOCIAL SCIENCES ACADEMIC PRESS (CHINA)

目　录

第一章　科学素质培养实践

第一节　科学素质培养的背景

青少年科学素质提升是当今世界范围内的重要教育话题。随着时间的推移，科学素质的内涵不断扩大，这一概念也被越来越多的国家吸纳进对本国青少年的教育培养规划中，成为科学教育的重要目标之一。然而综观全球，当前青少年乃至全体公民的科学素质水平依然不容乐观，科学素质的培养尚存巨大的发展空间。而其在青少年日常生活、社会话题参与过程中存在的重要意义，也值得科学教育研究工作者们给予更多关注。

一　科学素质培养的国际趋势

科学教育的发展是一个复杂的过程。它不仅涉及传递和接收知识过程中学生、教师、学校、国家教育部门等整个教育相关群体的努力，事实上还与科技、经济以及文化等诸多社会因素相互影响，共同促进人类社会的全面发展——而对于科学素质的重视，正是起源于这样一种时代背景之下。

人们对于科学素质培养的强烈意识，向前可以追溯到 1957 年。在这一年的 10 月，苏联人造地球卫星成功发射升空，而这一科技事件也成为美国教育改革的重大转折点。二战结束后，苏联与美国由战时同盟关系进入冷战阶段，在这一过程中战场阵地发生了转移，两国开始在除战争手段外的其他方面进行竞争，试图从经济、文化、政治和科技等各领域提高国家的综合实力。在这其中，航空航天技术被看作军事与科技的融合体现，成为竞争的重要方向之一。而苏联人造卫星的升空，意味着其科技能力在一定程度上超越了美国，这种冲击几乎影响当年整个美国。由一颗卫星带来的恐慌感引发了美国研究者的深入思考，人们最终将这一结果归根于教育表现上的不足。由此，美国步入了一个艰苦而漫长的教育反思与改革过程。

数十年间，美国联邦政府面向教育特别是科学教育投入了大量的财力、人力、物力，以期全面提升美国的科学教育水平，增强教育竞争力，进而促进本国的科学技术发展。然而在这次教育改革中，美国将重点主要放在高等教育之上，除扩大资助范围，让更多的学生能够接受教育外，资金主要用于发展国防教育以及大学基础科学研究，其目的主要指向了为国家未来发展及竞争不断补充尖端人才。这一改革在十几年间确实给美国教育发展带来了里程碑式的意义，然而到 20 世纪 80 年代早期，教育研究者们却发现这一改革对于普通公民适应科技社会的帮助并没有那么显著，公民在科学素质方面表现出的水平依然十分有限。1983 年，美国国家教育优化委员会（National Commission on Excellence in Education，NCEE）发布了《危机中的国家：迫切的教育改革》（*A Nation at Risk：The Imperative for Educational Reform*），对科学素质这一糟糕的现状表示了强烈关注，研究者认为科学教育开始迎来第二代危机，即"科学素质的危机"。

带着提高科学教育质量、提升国家综合国力的目的，由美国科学素质危机所引发的对于公民科学素质培养重要性的认识开始蔓延全球各个国家，有关青少年科学素质提升的话题得到了越来越多的关注。从 1989 年美国科学发展协会（American Association for the Advancement of Science，AAAS）发布的《2061 计划：面向全体美国人的科学》（*Project 2061：Science for All Americans*），到 1994 年《科学素质的基准》（*Benchmarks for Science Literacy*），再到 2008 年加拿大安大略高中课程标准、2011 年美国国家研究委员会（National Research Council，NRC）颁布的《K－12 科学教育框架：实践、跨学科概念与核心概念》（*A Framework for K－12 Science Education：*

Practices, Crosscutting Concepts, and Core Ideas）、2014 年新加坡颁布的《中学科学课程标准》（Science Syllabus Lower and Upper Secondary）中"21 世纪的能力与科学素质"（The 21st Century Competencies and Scientific Literacy）的概念等，均强调了学生科学素质在青少年全面发展中的重要地位，并阐明了将全民科学素质培养作为全球科学教育共同目标的重要意义。

由国际反观我国，近年来科学素质的提升也开始得到越来越多的重视。继 2011 年我国教育部颁布的物理、化学、生物学义务教育课程标准，将培养和发展学生科学素质放在课程基本理念的重要位置后，2017 年颁布的高中各学科课程标准再一次强调了学科核心素养的重要地位。由此可见在 21世纪，青少年及公民科学素质培养将是一个全球范围内的重要话题，对于青少年科学素质培养工作应当予以更多的关注。而这一部分内容，将在后续章节中以国家为案例进一步详细展开。

二　青少年科学素质表现情况堪忧

鉴于青少年科学素质提升工作的迫切性与重要价值，全球各个国家都在政策与资金配置上给予了国内科学教育工作大量的引导与支持，这在一定程度上推动了全球公民科学素质水平的提升，然而有关科学素质的发展却仍旧存在诸多的缺失与不足。青少年乃至全体公民的科学素质水平依旧十分有限。

在美国国家科学基金会的支持下，米勒（Miller）等多位教育研究者从20 世纪 70 年代开始展开了一项数年一次、持续了 40 多年的公民科学素质大规模调查研究，以期明确在各个时期公民的科学素质水平。米勒的科学素质调查主要包含了两个测评维度，其一是科学内容知识，即概念含义的基本知识，如什么是"原子""重力""基因"等；其二是科学过程性知识，即科学是如何运作的、什么是科学等，其中部分年度的调查结果如表 1−1 所示。以 1985 年的测试为例，研究以 2000 名美国成年人为样本，试题类型为非常简单的是否判断类问题，例如"最早的人类是否与恐龙生活在一起"以及"抗生素能否像杀死细菌一样杀死病毒"。在这两道看似简单的题目中，参与测试公民的作答情况却不容乐观，两道题的正确回答率分别只有37%和26%。经过这次测试研究者认为，美国仅有3%的高中毕业生、12%的本科毕业生以及18%的博士研究生具备良好的科学素质水平，这一数据是十分令人震惊的。而直到1990年，研究发现仅有5%～9%的美国公民具有良好的科学素质水平，并没有太大的提升。

表1-1　米勒公民科学素质调查研究结果

年度	调查结果
1985	3%的美国高中毕业生、12%的本科毕业生以及18%的博士研究生具备良好的科学素质水平
1990	5%～9%的美国公民具备良好的科学素质水平
2005	在34个国家样本中,29%的美国公民具备良好的科学素质水平

　　意识到公民科学素质水平的不足后，美国在其后的十余年里开始在科学素质培养工作上投入更多的精力。进入21世纪后的2005年，米勒将这一研究带出美国，扩展到全球34个国家。在这次调查中，公民具备良好科学素质水平的比例有了较为显著的提升，但情况依旧不容乐观。有29%的美国公民具备良好的科学素质水平，而在全部34个国家中仅有瑞典一个国家的比例能够超过30%。基于该国际研究成果再来看我国的表现，我国青少年科学素质水平相关的评价研究本来就很少，且起步也较晚，尚无法全面细致地呈现我国青少年科学素质的水平，因而可以说存在巨大的发展空间。

　　基于这一现状，很多国家和组织机构开展了各类相关的科学教育研究计划，一些正式与非正式教育机构也在不断探索学生科学素质培养的有效策略，以期改善这一令人担忧的现状。由此可见，青少年科学素质水平提升的相关研究在全球范围内的需求都是非常可观的。如何提高青少年乃至全社会公民的科学素质水平，值得教育研究工作者们给予更多的关注。

三　科学素质在青少年日常生活中的重要意义

　　科学素质对于青少年培养的重要意义，不仅仅在于科学知识的理解与科学技能的掌握。相比于其他科学教育理论和培养目标，科学素质培养更为深层的价值在于帮助青少年养成科学的思维习惯，在日常生活中更好地解决实际问题，进而面对生活中的各类问题做出合理有效的判断，参与社会性事务的讨论从而成为良好的公民。因此，科学素质的培养效果会贯穿青少年成长的全过程，甚至让他们在未来走入社会、走上工作岗位后有所受益。

在日常生活中，青少年科学素质水平对于提高生活质量、解决生活中遇到的问题的作用是显而易见的。例如，当家庭成员因为生病接触到一种新药的时候，具有良好科学素质的青少年能够比家人更快地阅读药物说明书，掌握其中的关键信息，明确药物的使用方法。又如，面对当前信息资源高度发达的新媒体环境，在各类社交媒体中出现诸如"食盐能预防感冒""抗生素可以有效治疗病毒性感冒""多喝绿豆汤能大幅增加抵抗力"等信息源，科学素质培养能够帮助学生更好地分辨信息真伪，而不是盲目相信一些社会上流传的伪科学。这种对待媒体信息的素养也是学生科学素质的一个重要组成部分。上述例子，都是日常存在于青少年生活当中，时时都有可能遇到的情况。提升他们的科学素质水平，能够帮助学生更好地解决这些问题。

而面向社会层面来看，虽然青少年没有工作，校园生活中也很少有实际融入社会环境中的机会，但通过日常中家庭的交流讨论、班级中同学们的交谈、浏览网络资源并发表评论等途径，青少年参与社会话题讨论和决策的机会还是非常多的。例如在超市购物的时候与父母讨论是否要购买转基因大豆制的食用油、这种转基因食品对于人类健康是否存在危害；在班级课间活动时，与学生和老师讨论昨天在电视上看到的新闻话题，与同学交流是否要注射 HPV 疫苗；或者在网络浏览的时候，针对一些社会话题如核电站建设、污水处理厂的选址等形成自己的观点，发表自己的看法……对于如今的信息化社会而言，参与社会事务讨论已经不再是成年人的专属，这些话题借助媒体已经融入了青少年的生活当中。而良好的科学素质水平，能够帮助他们更好地参与到这些话题当中，并且在话题参与的过程中进一步促进科学思维能力和判断力的提升。

由此可见，科学素质的发展对于青少年培养而言并不是一个理论化的话题，也不是通过正规课堂教学就能够全方位达成的目标。其对于青少年日常生活的重要价值，一方面提醒人们要对青少年科学素质培养给予更多的关注，另一方面也提示教育工作者们要从生活和社会实际出发，将社会生活中出现的问题和话题带入学生的科学素质培养当中，促进学生科学素质的循环持续发展。

第二节　青少年科学素质的内涵表现

想要了解不同国家或地区如何进行青少年科学素质培养，首先需要明确科学素质究竟是什么。在数十年的发展过程中，科学素质的概念不断扩充，最终形成了如今研究者们认可的表现形式，也逐渐形成了更为具体的在青少年科学素质培养过程中的要求。统揽历史上科学素质内涵的发展，可以对科学素质内涵进行有效的要素拆解，而这些经过提炼的有效要素，可以帮助科学教育研究者和工作者以更为统一的范式来阅读和分析案例，从中找寻可借鉴的经验。最后，不同的国家对于青少年科学教育的目标要求是不一致的，对于我国科学教育而言，科学素质的要求与我国青少年科学教育的目标之间又是怎样的关系，它是否能与我国的青少年培养目标要求相吻合，其将决定科学素质落实到一线学生培养过程中的效果。厘清上述思路，是开始国际案例分析前必须完成的工作。

一　科学素质的概念发展与教育

科学教育对于青少年成长的重要意义早在 20 世纪初便得到了公众的广泛认可。在刚刚进入 20 世纪的一段时间中，教育研究领域内存在一个非常主流的观点，即人们认可科学能够帮助学生养成强大的科学思维习惯与方法，在学习科学的过程中，学生能够有效开发自身的心智水平，而这种优势是面向全体青少年的——无论未来在工作岗位中他们是否会从事与科学相关的职业。

科学素质正是基于这样的历史背景被提出的。科学素质（Scientific Literacy）一词的出现最早可以追溯到 20 世纪 50 年代后期，赫德（Hurt）在其公开出版物《科学素质对于美国学校的意义》（*Science Literacy：Its Meaning for American Schools*）中率先将这一概念应用到标题当中。在这一概念的提出伊始，人们认为科学素质不过是将当时已经建立好的主流科学学习要素进行整合与归纳，贴上一个崭新的、时髦的"标签"，其本身可能并没有什么独立或创新的地方。在当时，科学素质概念的出现更多的是美国社会面对苏联卫星升空一事所给予的公众科学性回应。在这一时期，部分学者曾考虑美国青少年儿童接受的教育能否帮助他们应对社会中日渐增长的科学与技术问题，即形成了科学素质概念的雏形。

自 20 世纪 50 年代到 70 年代后期，"科学素质"一词更多地以概念术语的形式在文献中出现，而提及这一概念的研究者，事实上却并不一定能够为这个概念提供非常清晰的定义。从 20 世纪 70 年代末期开始，科学素质的概念开始进入被加以准确解释的时期，在这一时期出现的定义也是多种多样的。不能否认这样的工作取得了一定的成效，可是在定义上投入的精力在这一时期最终并未收获统一的共识，反而逐渐削弱了科学素质对青少年培养的实用性。也是在同一时期，美国在国际科学成就中的表现开始下滑，而症结被归于科学教育上的缺失，也就是前文所提到的，到 20 世纪 80 年代，美国公民所面临的科学素质危机。直至这一段时间，美国公民的科学素质水平事实上也并未得到太大的提升。

历经数十年的时间，科学素质危机唤起了美国人对于这一概念的关注，科学素质也于 20 世纪末期到 21 世纪早期再次回归大众的视野，并在不同学者的研究过程中得以发展和完善，其概念内涵也得到不断扩大，覆盖内容逐渐增多。沈（Shen）曾指出，科学素质中应当包含三个大类，即实践、公民和文化科学素质（见表 1 - 2）。

实践科学素质是最为基本的。它指向的是人类面对实际问题和生活基本需求时，所应具备的科学知识。在人类发展的一个时期中，这些基本的科学知识有可能决定了个体的健康还是疾病、生存还是死亡。而在工业化时期，

表1-2　沈关于科学素质类别的内容

科学素质类别	内涵	解释
实践科学素质	拥有可用于解决实际问题的科学知识	用以满足人类物质、健康生活的必需
公民科学素质	公民充分了解公共政策的基础	让公民充分了解科学、与科学相关的公共问题,参与到与健康相关的决策过程中
文化科学素质	将科学作为人类主要成就来理解的意愿	着眼于人类,优先考虑人类当前和未来的发展

这些科学信息则能够让人作为消费者更好地生活;公民科学素质指向的是帮助公民了解并参与公共政策制定,了解能源、自然资源、食物、环境等相关决策的制定过程,这也是科技社会民主进程中所必需的素质;而文化科学素质则指向更上位的对于科学本质的理解,以及致力于人类发展的意愿。事实上,虽然能够达成文化科学素质的群体很少,但其对于社会的发展则是至关重要的。而上述概念可以被进一步扩展,以适用于不同情境下对于科学素质的理解。

除了沈对于科学素质的类别定义外,罗伯特（Roberts）也就科学素质的概念提出了建设性的划分,这一划分对于科学素质教育具有至关重要的意义。在罗伯特的研究中,他将科学素质的内涵分为两大类（Vision Ⅰ & Vision Ⅱ）（见表1-3）。

表1-3　罗伯特关于科学素质概念的划分

科学素质类型	关注点	回答的问题	强调的角度
第一类（Vision Ⅰ）	正统的科学本质准则,即科学本身的过程与结果	人们想要具有良好科学素质,必须知道或必须做到的事情是什么?	内在的规范
第二类（Vision Ⅱ）	具有科学成分的情境,以及学生作为公民可能接触到的环境	科学素质应该是什么样的?	内在的描述

就第一类科学素质的定义来说,它从规范的角度关注科学本身的准则,这其中包括公民应当掌握的科学技能、科学知识与信息,强调科学本身的过

程与结果。对于青少年来说，其也可以理解为学生应该学习科学家是如何进行科学实践的一般知识技能。而就第二类科学素质的定义来说，它更多地从描述性的角度关注科学外围的所处环境，例如帮助人们更健康地生活、更好地工作、在生活中进行更有效的选择、在社会中进行正确的社会决策，成为良好的公民等，从某种意义上来说这类定义是将科学应用于解决超出科学界定范围的问题的能力。这两类内容分别对应了科学素质的不同角度，回答了不同的科学问题。

其实对于科学教育而言，传递科学知识和科学技能——也就是第一类定义中的内容是比较常见的。如果同时考虑到第二类定义，那么科学教育就应当思考怎样的教学才能够帮助青少年实现这一目标。一旦认可了科学教育应当达成第二类定义的目标，那么传统的科学教学在方法上就会受到挑战。脱离了社会生活情境的、以讲授式为主的单纯课堂环境是非常简化的，因此教育研究工作者也在强调将科学应用于日常生活的目的和能力，即使用科学来解决问题、形成批判性的思维习惯，最终成为负责任的公民——而科学素质既是一种教育目标，也是达成目标的工具。

对于教育当中的科学素质来说，劳克施（Laugksch）认为至少应当有四大类群体参与到对这一概念主题的研究和发展工作当中，这四类群体分别为科学教育界、与科学技术相关的公众参与研究者、社会学研究工作者以及非正式科学教育研究领域的群体（见图1-1）。这些不同类别的人员分别关注科学素质的不同领域、不同的受众人群，通过合作来促进公众科学素质的全面提升。

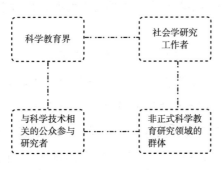

图1-1　教育中的科学素质参与群体

在这四类群体中，科学教育界承担了重要的责任。这类群体更加关注科学的本质和最终目的，他们更多地致力于将科学素质融入学生教育的过程中。例如科学教育应当制定怎样的目标，其中应当包含哪些科学技能、态度与价值观，如何利用资源来实现这些目标以及如何进行评价来确认是否达成了目标等。因此，这一群体更多地指向课堂教学，通过学校的科学教育来帮助学生掌握科学知识和技能，即其更加关注科学素质与正式教育之间的关系。

与科学技术相关的公众参与研究者主要致力于衡量公众对科学的态度和看法，并依据这些数据来决定对相关问题的决策，其本质上是关注公众对科学技术的支持程度，以及参与科学技术活动的意愿。例如之前提到的米勒等人对于公民科学素质的调查即属于这一类群；社会学研究工作者更加关注科学素质所处的外部大环境，例如个人在日常生活中如何解释科学知识，监测科学信息来源，关注与科学有关的其他权威建构。相比于前一个类群，这一部分研究人员更加倾向于科学素质的社会性表现，有时也会指向政策制定等相关工作。

最后，非正式科学教育研究领域的群体则致力于面向公众提供教育和解释的机会，帮助公众更好地熟悉科学工作人员，帮助人们参与到普通的科学交流过程中。这其中包括科技馆、博物馆、动物园、植物园以及科学记者、科学作家等一系列社会成员。可以说在全部群体中，这一群体的工作人员数量最多，承担的工作类型和培养模式也是非常多样化的。他们几乎涉及除正式教育环境之外的社会中与科学相关的方方面面，相对于第一部分科学教育界而言形成了互补。

上述四类群体在科学素质教育中都扮演了相当重要的角色。特别是德波尔（Debore）曾指出，将科学应用于日常生活中的能力——特别是用科学来解决生活中的问题是科学素质培养的一个突出指向，而这一部分能力的获取与非正式教育环境、社会的融合是密不可分的。因此，从这些不同群体的视角进行分析，有助于人们更加全面地了解科学素质教育相关话题。此外值得一提的是，随着近年来家校合作、馆校合作等交叉研究领域的出现，非正式教育与正式教育之间也逐渐出现了融合交织的良好发展趋势。

二　科学素质的要素拆解

尽管在过去的若干年间，科学素质的概念得到了人们越来越多的关注，但是关于这一概念的定义依旧存在争议，随着数十年的发展，科学素质的内涵被不断扩充，所覆盖的要素也逐渐增多。综合不同学者对于科学素质的概念定义，可以对其中所包含的要素进行归纳整理，形成科学素质案例分析的主要方向。

例如前文所提到的，德波尔指出科学素质应当强调其在日常生活中的价值，帮助学生解决在生活中遇到的问题；罗伯特在科学素质定义中指出，具备良好科学素质的学生应当能够理解科学的概念内容，掌握科学技能与方法、科学思维能力，综合考虑应用科学的实践环境，进而成为良好的社会公民以更好地生活。这其中主要强调了概念理解、技能方法与思维能力、社会相关性三个主要方面。拜比（Bybee）等人则指出科学素质应当着重考虑学生在应用科学实践时的外部环境，即其所强调的内容不仅仅局限于科学的学科范围内，它应当融入经济、文化、政策、伦理观念等诸多领域的要素，更多地与社会相结合。

皮拉（Pilla）等人基于前人的研究成果，对科学素质的要求进行了具体的阐述。皮拉指出，基于对科学素质的定义，一个具有良好科学素质的公民应当至少包含以下七个方面的表现：①理解科学知识的本质；②能够准确合理地应用科学概念、原理、定律和理论等；③使用科学的方法来解决问题、做出决定，并以此加深对于世界的理解；④能够以与构成科学基础的价值观相一致的方式来参与在世界中的活动；⑤能够理解并欣赏科学技术与社会其他方面的相互联系；⑥通过科学教育来发展让世界更为丰富且满意的观点，并能将这种教育延续终身；⑦具备与科学技术相关的实践操作能力。

从皮拉的描述中可以看到，其所提到的七个维度从科学知识的理解到科学应用，再到其与社会生活间的联系，覆盖范围是十分全面的，这七个维度与德波尔及罗伯特的科学素质定义在目标指向上具有相当高的一致性。基于这些表现，可以将科学素质的要求拆分为以下四点，分别指向对科学知识与概念的理解、科学思维与科学能力、日常生活（多学科），以及问题解决和社会决策（见图 1 – 2）。

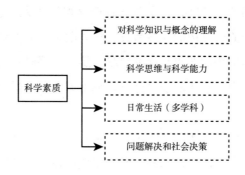

图 1 – 2　科学素质的四个要素

对于科学知识与概念的理解是要素当中最基本也是最首要的部分。其中包括了基础的关于科学学科的事实性知识、概念表述，例如什么是光合作用、作用力、元素周期表等；对科学本质的理解，包括知道什么是科学、科学有哪些特征、如何区别科学与伪科学等，以及明确如何对上述这些知识进行应用等。科学基本知识和概念是达成后续几个要素的首要前提，只有具备了相应的知识基础，对科学有了正确清晰的认识，学生才能够进一步形成与科学相关的能力，进行科学实践，并运用科学知识来解决问题、参与决策。

科学思维与科学能力在科学知识和概念的基础上，强调实践层面的意识和技能，它包括对待科学相关事件的思维方式如辩证思考、质疑与推理、多角度思考以及多利益相关群体考量等；还包括在参与科学实践时掌握必需的基本方法和技术，如能够参与探究、论证，进行科学研究和操作等；此外，这一部分还包含了对待科学的态度，例如具有质疑精神，批判性地看待事件，或者认可并理解科学对于社会发展的正向作用，并明确科学所带来的后果具有正反两面性等。

日常生活（多学科）要素强调的是科学素质的应用范围，即强调将科学素质的内容融入所处的外部环境当中，明确科学素质所应对的事务不仅仅局限于科学学科的范围内，还应当基于科学扩展到更多的学科以及社会背景中进行多方面的考量，最终能够与学生的日常生活相适应。例如在讨论抗生素使用的相关话题时，不仅要了解抗生素是什么、它的作用机制和应对的疾病是什么，也应当考虑到抗生素的使用与养殖业的发展、食品经济成本和销售价格、制药企业之间的关系，同时还要明白这一话题与自身所处的生活环境有什么关系，是否对人们的健康产生了影响，等等。

最后，问题解决和社会决策指向科学素质提升的最终应用要素。即当学生掌握了必要的科学知识和概念、具备了相应的科学思维方法与能力，能够将科学与各个学科和社会生活相联系之后，如何运用上述内容来解决生活中遇到的问题，作为良好公民参与社会决策。例如在超市中是否会选择转基因的蔬菜、面对不同常见疾病时如何选择恰当的缓解症状的药物，以及通过网络媒体等途径，针对核电能源开发、科学相关政策制定等一些社会议题进行有效参与，提出自己基于科学的有效论点讨论交流，最终成为一名合格的具备科学素质的社会公民。

在科学素质培养的话题中，这四个不同的要素分别起到了重要的不可替代的作用，因而在后续案例的分析过程中也将针对这四个模块逐一展开。事实上，这一要素的拆解与我国的政策文件及标准要求也是高度吻合的，因此对于国内科学教育研究工作者了解案例、寻找借鉴方向也是十分有用的。

三　科学素质分析与我国教育政策的联系

我国《普通高中课程方案（2017年版）》提到，提升学生综合素质，着力发展学生核心素养，使学生成为有理想、有本领、有担当的时代新人。可以明确看出，核心素养的概念是我国学生发展的一个关键点，它具备科学性、时代性以及民族性三个基本原则，能够有效体现新时期经济社会发展对于人才培养的要求，落实社会主义核心价值观。我国教育目标提出学生不仅需要知道，更需要在现实问题情境中明确能够做什么，其实这一点本质上与科学素质的要求是相通的。

核心素养以"全面发展的人"为核心，划分为文化基础、自主发展和社会参与三个部分，每个部分下又包含了两个层面。其中文化基础下的"科学精神"，自主发展下的"学会学习"与"健康生活"，以及社会参与下的"责任担当"和"实践创新"，都与科学教育的目标紧密相关（见表1-4）。

表1-4　核心素养与科学素质相关的解析

核心素养构成	与科学素质相关的方面	要求
文化基础	科学精神	学习科学学科各个领域的知识和技能，能够掌握并运用人类的智慧成果，涵养内在精神
自主发展	学会学习 健康生活	有效管理自己的学习与生活，能够发现自我人生价值，明确未来人生的发展方向
社会参与	责任担当 实践创新	明确人的社会性，能够处理个体与社会之间的关系，具有社会责任感，努力推动社会的发展

从核心素养相关科学素质的内容解析中能够看到，其在要求中包含了掌握科学知识、掌握科学技能，涵养精神、管理学习与生活，以及具备社会责任感等方面，而这些方面与前文提到的科学素质四个要素的拆解内容是高度吻合的。可见，以此四个要素来理解学生科学素质发展，与我国培养学生核心素养的目标指向是一致的。

在新修订的高中课程标准中，还有一个值得注意的概念即"学科核心素养"。这一概念与核心素养之间具有相对独立又相互依存的关系，在核心素养总框架中具有重要的定位。科学素质离不开科学，而在我国目前的教育环境下，理科课程承担了科学教育的绝大多数任务。因此，理科课程中的学科核心素养要求，对于学生的科学素质养成也是至关重要的。以物理、化学、生物学为例，这些理科课程在分别强调本学科的观念建构的基础上，都分别强调了三个方面，即科学思维、科学探究和社会责任。

学科核心素养中的科学思维指向了运用科学思维方法来认识事物，尊重事实和证据，崇尚严谨和务实的求知态度，养成能够利用科学知识来解决实际问题的思维习惯与能力；科学探究强调了基于观察和实验提出问题、形成猜想和假设、设计实验与制订方案、获取及处理信息、基于证据得出结论并做出解释，以及对科学探究过程和结果进行交流、评估、反思等一系列科学实践的能力；而社会责任则指向了能够参与个人与社会事务的讨论，针对社会问题做出理性的解释与判断，并能够解决生产生活中遇到的问题，成为良好的社会公民。从这些角度来看，学科核心素养与科学素质的要求之间也存在相当高的一致性。

整合核心素养与学科核心素养的要求后可以看到，科学素质对于学生的培养要求与我国的教育政策存在非常紧密的联系。其中对科学知识的理解和掌握，主要体现在各个学科特有的物理观念、生命观念、宏观辨识与微观探析、变化观念与平衡思想等方向，强调在掌握科学知识的基础上进行上升与统整；而核心素养中科学学科中的"科学精神"、"责任担当"和"实践创新"则分别对应了科学素质中"科学思维与科学能力"、"日常生活"以及"问题解决与社会决策"三个要素（见图1-3）。

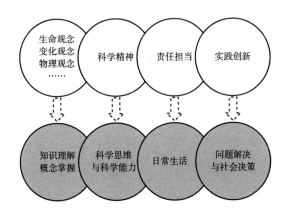

图1-3　核心素养与科学素质的对应

学生科学素质的培养离不开相关研究者与科学教育工作者的努力，其要切实落实到一线教学和学生培养的过程中去，真正面向学生。只有当学生能够从这些教育政策中获益，才能够真正意义上达成学生科学素质水平的提升目标。而这一目标的达成，有赖于中间与学生直接接触的一线教师和科研工作者的有效教学。有研究者曾指出，这些教师和工作者能够从多大程度上接受一种新的理念与培养策略，其中一致性（coherence）是一个重要的影响要素。这种一致性一方面体现在要与教师的信念相一致，即教师要发自内心地认同这一策略或方法并认可这对于学生的发展提升是有效的；另一方面则体现在与国家政策文件相一致，即这种要求必须与该国家或地区的教育培养目标具有一致性，教师和科学教育工作者才能够更好地将其应用到学生培养的过程中。

上述有关核心素养、学科核心素养与科学素质的要求分析，正是为这一一致性要求而服务的。从教育政策的层面上明确科学素质与国家教育目标要求间的一致性，对于科学素质培养在我国的落实是十分必要的。而以这样的要素内涵为导向，也可以更为全面、更有本国特色地审视各个国家或地区的不同案例情况，从中寻找适合我国科学素质培养可借鉴的要素。也期望在后续的案例分析过程中，教师与科学教育工作者可以对青少年科学素质培养有更为深入的认识，明确其对于青少年终身发展所具有的重要价值，进而达成"一致性"目标。

第三节　科学素质实践分析框架的建构

科学素质培养案例分析要做到更加客观全面，一则需要有效的理论支撑，二则需要能够全方位描述案例表现的分析框架。借助已有国际研究成果，从科学素质培养工作分析的角度进行全方位拆解，了解能够供各个案例统一使用的框架是如何形成的，将是阅读并关注后续国家或地区案例前首先要完成的重要工作。

一　科学素质培养应包含的内容

很长一段时间以来，国际教育学研究者对于学生科学素质的培养都予以高度重视。然而关于如何评价学生的科学素质，却尚未形成统一的、标准化的测量方法。很多学者对科学素质的内涵进行了解构，例如从学生科学知识的掌握情况、科学本质的理解水平、科学探究的实践情况，以及科学推理与科学论证等科学思维上的发展水平、道德伦理和社会参与性等多个不同的方面分别进行探查，来描绘学生科学素质表现情况的图景。然而科学素质涉及的领域和内涵是十分多样的，利用这些具体化的内容来完整概括学生的科学素质表现，其工作量是庞大且异常困难的。

我国对于科学素质培养的研究相比国外起步较晚。虽然国家课程标准等政策中陆续提及了科学素质的重要概念，但是落实到实践领域遇到的阻力还是相当大的。首先很多教师并不清楚如何在教学当中落实培养学生科学素质的任务，其次关于学生科学素质表现的测评工作也在近几年内刚刚起步，尚没有广泛普及。因此如何了解青少年科学素质培养情况，特别是以国家视角全面了解科学素质培养的现状，还需要有一个理论框架提供支撑。

借鉴博尔科（Borko）以及德西蒙（Desimone）在培训项目设计上的理论模型，可以发现对于一个培养体系的建立和描述而言，所要考虑和涵盖的内容是非常多样化的。参照博尔科的理论，研究者首先需要考虑培养体系的设计情况，还要考虑参与培养活动的辅导者和支持者，最后要考虑参与体系的目标受众。而在上述涉及的所有环节中，同时还需要考虑外部的大环境，即能够对培养体系产生影响的各类因素，以及培训所具备的外界条件。基于上述考量，德西蒙还指出这一发展过程是具有一定的线性关系的。例如在体系设计之初要综合考虑各类要素，形成上位的完整架构，然后将培养体系落实到实践当中进行操作，最后要指向学生在整个体系中的最终表现及变化。

从上述理论架构中可以明确看出，在青少年科学素质培养研究当中，青少年始终是分析的重要主体。任何培养活动和项目的最终目标指向必须是青少年群体，使这些学生能够通过相关的知识学习和活动参与，掌握必要的知识技能，形成正确的态度观念，并提升参与问题解决与社会决策的能力，最终有效作用于他们的科学素质表现。但是与此同时也应当明确，在这个过程中学生并不是唯一的目标。想要全面了解一个地区学生科学素质培养的整体情况，还需要在政策文件制定、培养方案和计划、机构设施建设与活动开展、学校落实情况等各个方面综合考量，并在这个过程中纳入地区所在位置的环境信息。而这些环境信息有时也不仅仅体现在科学素质领域，经济、文化、社会发展情况等诸多因素，也是会影响一个地区青少年科学素质培养的重要因素。

基于上述培训项目设计的理论架构，可以进一步提出关于青少年科学素质培养分析应当考虑的各个不同要素。从整体上看，可以将这一分析过程划分为三个层次，即上层政策、中层机构设置，以及下位的实践表现（见图1-4）。与此同时，还应囊括这三个层次外部所包含的环境因素。

图1-4 青少年科学素质培养的涵盖层面

上层的政策及国家文件是青少年科学素质培养分析中的一个关键环节，这其中包括由国家或地方教育部门颁布的教育改革方案和计划，各个科学相关课程的课程标准与教学要求，以及其他与科学教育或科学素质培养相关的文件。将这一部分涵盖到青少年科学素质培养的分析当中主要有三个方面的重要意义。其一是科学性。政策文件的制定通常都经由专业领域的专家学者及有良好教学经验的教师共同参与，并在从计划到修订、颁布的过程中经历多次审查及完善，所投入的人力、物力和时间成本都是极高的。因此，这些文件从教育研究层面能够充分确保科学性，体现出一个国家或地区对于学生科学素质培养的真实要求。

其二是实践性。有科学研究指出，无论是学生培养还是教师发展，其内容都应当与改革文件、国家政策的要求相一致。脱离了这些顶层设计的活动一则没有良好的内涵支撑，二则无法得到教师、学生及家长的认可。由此，上层设计中的要求看似只以书面化的文字呈现，事实上却对后续活动计划实施过程的效果起到决定性作用。若在标准文件中并未对青少年科学素质培养提出任何要求，可以想见各类机构组织的相关活动也很难引发学生的参与热情，更难引起教师在学生培养过程中的关注。

最后，将政策文件纳入科学素质培养分析范围的第三个重要意义，是其所能体现的关注度。从最上位的国家政策出发，可以了解一个国家或地区对待青少年科学素质培养的重视程度及其发展过程。例如一个国家或地区若在政策文件中提及对于科学素质培养的强烈需求，并且在实践分析中也发现活动和计划实施与标准相匹配，一般可以认为该国家或地区对于学生科学素质培养的重视程度高且已经有了一段时间的实践发展；反之这两个领域中都没有提及相关要求和行为，则可以认为其在这一领域的表现是真实缺失的，而且在未来一段时间内还有可能继续缺失；若标准中提出了相关要求却在实践中表现不佳，或实践发展较好却没有上升到政策层面，则可以认为该国家或地区在青少年科学素质培养过程中处于起步阶段，并将在未来经历一段发展期。总而言之，这一部分顶层设计的内容在实践角度有时会被忽略，但它对于了解一个国家或地区的科学素质培养情况是非常重要的。

中层的教育组织机构及项目设置是了解国家及地区科学素质培养内容丰富性与多样性的重要信息源。这其中包括各类场馆的设置情况、资金投入情况、相关正式教育机构及非正式教育机构的活动组织情况以及实施效果等。对于这一部分内容的关注主要可以分为硬件和软件两个角度。其中硬件方面可以了解一个国家及地区在相关场所建设上投入的财力、物力资源，这一方面是学生参与科学活动的基本保障，另一方面能够实际体现政府职能部门对政策落实的关注度，与上层的政策及国家文件环节相联系；而软件部分则主要用以体现活动及项目实施者对于青少年科学素质培养的理解程度，通过活动所展现的培养目标和导向，大致判断活动对于学生培养的效果和全面性。

在全部的三个层级中，中层教育组织机构的信息类型是最多样化且个性化的。相比于每个国家及地区都有的课标文件、共同参与的国际测评而言，这些内容中最有可能出现全新的模块，将成为其他国家或地区案例借鉴的重要信息来源。同时，这一部分信息也是最好操作的，特别是很多活动创意与计划安排，经过了解和分析后可以快速地进行本土化的改良与融合，第一时间纳入当地的青少年科学素质培养活动实践当中。

最后一个环节是学生表现及学校案例。正如前文所提到的，任何课程改革和培训活动的客体，其最终的目标指向必将是学生。全部内容只有真正落实到一线的学生培养中，使青少年在这一过程中受益，才能称得上是有效的青少年科学素质培养。由此学生的表现也是分析过程中必不可少的重要环节。由于目前针对学生科学素质表现的国际统一测评非常稀缺，因此学生在现有国际化测评中的表现，以及本土组织的相关其他测评活动就成为判断学生科学素质水平的重要资源。了解这些信息，可以明确案例国家或地区学生的科学学习整体水平，进而明确这一国家或地区科学素质培养实践效果究竟如何。

此外，学校或者项目的具体案例也是下位分析模块中的一个组成部分。通过具体分析某一典型案例，可以从最细微处观察其他相关群体是如何开展科学素质培养工作的，如何将这些要求融合到原本的正式或者非正式教育过程中，从而对青少年科学素质培养的内涵有更实际的体会。当然，这些案例也并非完美的典范，只是帮助教育工作者从细微之处审视实践，借鉴优势，反思现状并进行改良，最终提升本地或本学区内学生科学素质培养效果。

需要说明的是，上述从上层到下位的所有内容都被囊括在外部环境因素的大框架之内。在这里，外部环境不仅仅包括与科学和教育相关的大教育领域的信息以及科学技术发展等信息，同时还包括了经济、地理、历史、文化等一些与科学素质培养看似"不相关"的内容。如前文所提到的，科学素质本身是一个涉及范围非常广泛的话题。其要求中既然包含了"解决生活中的问题"以及"进行社会决策"这样的要求，就意味着这种培养活动本身是一个与社会方方面面挂钩而无法脱离的话题。例如一个国家或地区的经济发展水平可能决定了其能够在科学教育发展上投入的资源，它所处的地理环境决定了人口的分布进而决定了当地青少年可能面临的不同的生活和社会问题，以及国家或地区的历史发展背景可能决定了其会受到哪些其他国家或地区的潜移默化的影响，或者导致当地人口拥有怎样的特征和个性等。这些外围环境分析，都能够帮助研究者了解分析案例最终表现的成因，是看似零散却不容忽视的部分。

上述从上层到下位的内容，再到外部环境的分析，能够为青少年科学素质培养分析提供不同的视角，从而更为全面地了解不同案例所独有的发展特点，吸纳其中有效的培养经验，分析不足之处产生的原因并加以规避。它同时提示教育研究工作者在开展相关工作时应当进行更全面化的考量，满足青少年科学素质培养的全方位要求。

二　实践分析框架的建立

长久以来，众多研究者都希望通过探索某一科学素质表现优秀的国家的教育情况来借鉴其优势，以发展本国的科学素质培养活动。然而不同的研究工作者针对不同的教育发达国家分别撰写独立的研究报告及文章，这对于点对点了解某一国家的现状是十分有效的，但不同报告的格式和所涉及的内容并不统一，在面对不同国家的众多案例的情况下，往往无法进行有效的整合与对比。因此在国际多案例分析的过程中，如能有一套完整的分析框架体系，则可以较好地解决这一问题，方便研究者从不同案例中进行归纳总结，同时这一框架还可以在未来方便其他研究者补充其他国家及地区的案例，不断扩充可借鉴案例的资源库。

依照前文所提到的科学素质培养中从上层到下位的不同内涵要素，团队率先尝试建立起一个整体化的研究分析框架，依照这一框架对不同国家或地区的案例展开了统一的资料搜集与分析工作。这一框架主要划分为四个大的模块，分别为课程标准政策文件、科学素质发展项目、非正式教育组织信息，以及学校或团体实施案例。

如图 1-5 所示，课程标准政策文件对应了科学素质内涵中的上位层次，包含了该国家或地区的各类标准和颁布的教育文件；科学素质发展项目主要对应了下位的学生表现，通过国际相关测评项目的评价结果来了解该国家或地区青少年的科学素质整体表现情况；非正式教育组织信息对应了中层的教育组织机构部分，主要倾向于在非正式教育环境中发现案例在硬件、软件等方面的具体实施效果；而学校或团体实施案例与第二部分相同，也是针对下位的具体实施环节。这一部分放在最后，一方面能够补充第三部分缺失的正式教育环境中的实践信息，另一方面通过特定的个别案例进行微观描述，对应政策文件等宏观分析内容，提供最为具体化的实践参考信息。对应框架中的这四个模块，可以进一步拆解为如图 1 - 5 所示的具体内容。

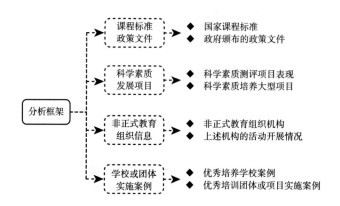

图 1 - 5　青少年科学素质培养实践分析框架

课程标准政策文件部分具体包含四个细分内容（见图 1 - 6）。首先，在课程标准部分包含不分科的"科学"课程以及分科的科学类课程。通常来讲，科学课程常出现于小学及初中阶段，高中阶段则划分为物理、化学及生物学，部分国家及地区还包含了地球与空间科学等，这些课程的课程标准中与科学素质培养相关的内容属于案例关注的部分。其次，该模块还包含了一些更具上位性的国家政策文件，如国家对于青少年整体性的教育规划方案中与科学素质相关的内容等。最后，一些个别案例中存在的其他文件，例如由国家发起的一些全国性教育培养计划、教育改革报告等内容，也被划归到这一部分的分析当中。

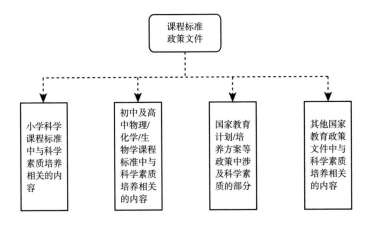

图1-6　课程标准政策文件框架细分

　　科学素质发展项目部分包含四个主要内容（见图1-7），其中在各个案例中都具备的统一模块为学生测评成绩部分。在这里主要选取了国际上三个大型测评项目，分别为经济合作与发展组织（Organization for Economic Co-operation and Development，OECD）开展的国际学生评估项目（The Program for International Student Assessment，PISA）、国际教育成就评价协会（The International Association for the Evaluation of Educational Achievement，IEA）组织的国际数学与科学趋势研究项目（Trends in International Mathematics and Science Study，TIMSS），以及科学学科的国际奥林匹克竞赛活动。这些活动能够以统一的评价标准来展示案例国家或地区学生在科学学习及科学素质方面的表现。其次，该部分还包含了由案例国家或地区自行主办的与科学素质培养相关的其他大规模测评和竞赛活动，相对大型的、能够达到大范围普及性质甚至由国家或地区及政府组织的青少年科学素质培养项目，以及与此相关的其他资料。

　　鉴于科学素质面向生活与社会的目标指向，在案例分析的过程中，非正式教育组织和机构的相关培养信息就成为一个重要模块（见图1-8）。在这里，比较通用的三个部分的信息主要是案例国家或地区的典型科技馆建设情况及活动组织情况、与科学相关的博物馆建设情况及相关活动的组织情况，

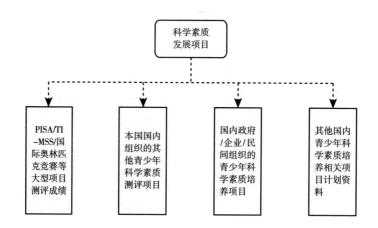

图 1-7　科学素质发展项目框架细分

以及除上述两类以外的参与青少年科学教育的其他组织机构如大型公司、国家非教育职能部门和一些民办大型机构的建设和活动参与情况。除此之外，该模块还包括一些案例所在地特有的非正式教育活动情况，例如夏令营组建、游戏公司的参与以及一些非国家统一筹办的科学培训及计划等。在这一部分的信息中，既包含了硬件条件方面的设施介绍，也包含了软件方面的活动介绍。

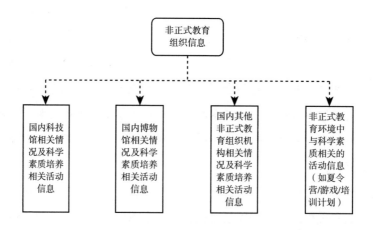

图 1-8　非正式教育组织信息框架细分

最后，学校或团体实施案例细分为三个方面（见图1-9），首先是在一线实践环境中在青少年科学素质培养方面颇有成效的典型的学校案例，其次是在青少年科学素质培养中取得了不凡成绩的一些非学校组织的其他团体机构案例，最后则是除上述两类外一些能够加以详细描述的、作为典型案例使用的信息，例如某个实施效果较好的课程体系，或者某个相关培养项目计划等。当然在这一部分中不会同时包含上述三种案例，通常情况下一个国家或地区仅涉及上述内容的1~2个方面。相比于其他部分，这一模块注重在细节上详细展开描述，即着重针对单一案例阐明实施效果。

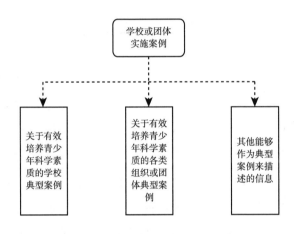

图1-9　学校或团体实施案例框架细分

通过上述几个方面的内容，可以对一个国家或地区在青少年科学素质培养相关工作上的表现和所取得的成就进行全面分析，了解该案例在这一领域范围内的整体表现情况。科学素质是一个涵盖内容非常广泛的定义，由此所涉及的分析角度也应当是更加全面化的。而这些不同视角下的分析，也能够分门别类地为不同利益相关群体提供其所关心的信息，从中提取出更有建设性的建议，帮助读者更好地参与到本地区青少年科学素质培养工作中。

第二章　欧美及澳洲案例简析

第一节　英国

英国在科学素质培养案例分析中是一个表现非常突出的国家。就科学素质分析框架的界定来看，英国对于科学素质的要求是比较完备的，几乎能够全面平衡地覆盖到科学素质四大模块的不同要求，以全方位的视角来促进学生的发展。作为一个媒体信息相对开放的国家，英国借助其拥有的众多博物馆、科技馆等机构设施开展了各类科学素质培养项目活动，并且活动资源公开度较高，方便全球各个国家或地区的研究者和学生进行阅读学习，进而有选择地参与。因此英国是一个在学生科学素质培养研究中值得借鉴的优秀案例。

从英国自身的培养特征上来看，凭借着本国悠久的科学技术和工业发展史，英国在相对漫长的历史过程中逐步形成了自己成熟的教育体系，特别是针对科学教育的评价和测量部分走在了世界的前列。在本节内容中，案例将围绕上述几个特征，从课程标准与政策文件、科学素质发展项目、非正式教育组织信息，以及学校及团体的科学素质实施案例展开描述，分析英国在青少年科学素质培养方面的表现。

一　课程标准与政策文件对科学素质的要求

英国在欧洲乃至全球的科学教育发展过程中都扮演了非常重要的角色。

作为 18 世纪到 19 世纪世界上率先完成工业革命的国家，这一时期的英国国力得以迅速壮大，成为当时世界上最强大的国家与第一大殖民帝国。对于这样一个工业科技发达的国家来说，英国更加认识到科学技术对于社会发展的重要价值，在学生科学素质培养上投入了大量的人力、物力。

英国面向 16 岁前的本国公民提供义务教育，并由地方政府进行管理。超九成的英国学生会在公立学校中完成免费的基础教育。作为全球重要的高科技研发基地，英国的科研几乎能够覆盖所有科学领域，这种表现与英国长久以来对科学教育的重视密不可分。英国作为科学教育的发祥地可以向前追溯到 17 世纪，18 ~ 19 世纪便有各类学校开始设置自然科学的课程。1903 年，科学课程成为英国中学的必修课程之一，1988 年的《教育改革法》更是将科学课程规定为中小学国家课程中的"核心学科"，与英语、数学并列成为三大学科之一。这种对于科学的高度重视在各个国家或地区的案例当中都是极为少见的，它一方面满足了英国社会的发展需求，另一方面也反映出英国政府对于科学教育的深刻认识。

自 1989 年英国颁布历史上第一部科学教育课程标准开始，至今已经过去 30 多年的时间。通过对这些国家课程标准与政策文件的分析，可以明确英国在顶层设计上对学生科学素质培养的要求。以 2013 年英国教育部颁布的《英国国家课程》（*The National Curriculum in England*）为例进行分析可以大致看出，很多文件当中虽未直接使用"科学素质"（Scientific Literacy）的字样来描述国家对学生培养的要求，但是从小学到初中、高中各个科学学科的要求当中，都能够有效地体现科学素质的各项表征，且表述相对健全。

《英国国家课程》文件将学生划分为四个核心阶段（Key Stages 1 ~ 4），全面覆盖了小学阶段与中学阶段的青少年群体。从文件要求的连贯一致性来看，英国从小学到高中阶段（Stage 1 ~ 4）都对科学素质的相关要求进行了表述，并在课程标准中得到了有效表现。就英国中小学课程标准而言，主要是从知识与概念、科学探究、科学应用三个方面进行了较为详细的刻画。其中，小学和低等中学（Stage 1 ~ 2）课程标准中对科学素质相关内容的阐述相对基础，要求也相应较低。而中学课程标准中的阐述则更为深入。高中阶段（Stage 3~4）科学课程标准分别针对科学态度、实验与探究技能、分析与评价、测量四个方面设置了子目标，并从生物、物理、化学三门学科出发具体阐述了需要学习的知识与概念。

英国国家科学课程指出，科学课程的目标是确保所有学生能够通过生物学、化学和物理学等科学学科的学习，发展对科学知识和概念的理解，通过不同类型的科学调查研究来理解科学的本质、过程和方法，帮助学生回答关于周围世界中的科学问题，并有效理解科学的应用意义、今天及未来所需的科学知识。具体来看，三个不同的方面分别具有如下要求，如表2-1所示。

表2-1 英国国家科学课程目标的说明

目标要求	简要说明
科学知识及概念的理解	• 学习计划中描述了一系列知识和概念。学生对知识和概念的掌握应当扎实牢靠才能进入下一阶段的学习中，否则学生将不会取得真正的进步，还可能会在学习高阶内容时遇到困难 • 学生应该能够运用通用的语言来描述相关过程和关键特征，并且准确熟练地使用技术术语。学生还应能够运用所学到的知识来理解科学——这其中还包括收集、展示和分析数据
理解科学本质的过程和方法	• 学生需要学习使用各种方法来回答相关的科学问题，包括随着时间的推移进行观察、寻找并识别模式、分类及分组、进行对照实验，并使用二级资源进行研究。学生应通过收集、分析和展示数据来寻找问题的答案
理解科学的应用意义	• 学生应当明确科学所带来的社会和经济影响是十分重要的，而这些内容也非常适合在学校课程中进行教授。对于教师而言，应当能够利用不同的情境，最大限度地提高学生对科学的参与程度和学习动机

从上述国家科学课程目标的说明中可以发现，这些要求基本上完整覆盖了青少年科学素质培养中的几个大方向：首先，要求学生应该学习和理解科学学科的知识与概念，这也是科学素质培养的最基础要求；其次，学生应当具备科学思维和能力，掌握进行科学研究的基本方法；再次，学生应当能够应用上述内容来回答周围世界中的科学问题；最后，目标还要求学生理解科

学的应用价值及其给社会经济带来的影响，即指向了将科学知识应用于应对日常生活和社会的要求。从这一点来看，英国对这些科学素质的目标指向还是十分外显化的。

课程标准和政策文件对科学素质培养提出要求，指导了英国后续全年龄段科学教育的具体实施。在上述分析中可以看出，英国从小学到高中阶段（Stage1~4）的科学素质培养要求表征是很具体的，并且兼顾了全年龄段的学生，同时考虑到就不同认知发展水平的学生提出不同的要求侧重，具备较强的连贯性。关于科学课程应该是"着重理解科学概念"，还是"培养学生作为社会成员的能力与态度"这两个方面，英国基本上做到了两相平衡，这对科学课程的实施提出了更高的要求，同时也能更为有效地发挥学校课程对学生科学素质培养的作用与价值，培养全面发展的青少年。

二 科学素质发展项目

英国在科学教育当中所取得的效果，从其参与国际竞赛中的表现可见一斑。作为具有较长科学发展历史的国家，英国也是最早一批参与各类国际竞赛及测评项目的国家之一，并在包括 PISA 和 TIMSS 等测评活动中取得了相对不错的稳定成绩。首先以经济合作与发展组织（OECD）发起的 PISA 测试中的科学成绩为例，2009 年英国以 514 分排名第 16，2012 年以 514 分与斯洛文尼亚并列排名第 20，2015 年则以 509 分排名第 15。相比于 2000 年取得过的第 4 名好成绩，近年来英国在 PISA 上的表现虽不如前，但也非常稳定，并且每一次均超过了 OECD 的平均分。

除 PISA 外，英国也多次参与了由国际教育成就评价协会（IEA）组织的 TIMSS 测评活动。其中 2007 年英国四年级学生及八年级学生均得分 542 分，排名分别为第 7 名与第 5 名。2011 年四年级学生以 529 分排名第 15，八年级学生以 533 分排名第 9。2015 年四年级学生则以 536 分排名第 15，八年级学生以 537 分排名第 8。

整体上看，英国学生在 PISA 和 TIMSS 中的表现还是不错的，并且逐年发展趋于平稳，这说明英国已经具备了相对完善的青少年科学素质培养体系，并且培养模式相对成熟，不再有太大规模的变化。而以 TIMSS 的成绩来看，八年级学生的整体表现要优于四年级学生，这可以看出随着年龄的增长，英国学生的科学学业水平是逐渐提高的，这在侧面也一定程度上印证了英国科学教育培养模式的有效性。当然，除这两项测评外，英国也连续数年参与了国际科学奥林匹克竞赛，并在竞赛中取得了不俗的成绩（见表 2 - 2）。

表 2 - 2　英国国际科学奥林匹克竞赛成绩

竞赛科目	成绩表现
国际生物奥林匹克 （The International Biology Olympiad）	2015 年 2 银；2016 年 3 银 1 铜； 2017 年 1 金 1 银 1 铜；2018 年 3 金 1 银； 2019 年 3 银 1 铜
国际物理奥林匹克 （The International Physics Olympiad）	2015 年 2 银 3 铜；2016 年 3 银 2 铜； 2017 年 2 金 1 银 2 铜；2018 年 1 银 4 铜； 2019 年 3 银 2 铜
国际化学奥林匹克 （The International Chemistry Olympiad）	2014 年 1 金 2 银 1 铜；2015 年 3 银 1 铜； 2016 年 1 银 2 铜；2017 年 3 银 1 铜； 2018 年 3 金 1 银

英国在国际科学奥林匹克竞赛中的表现也是非常不错的，从表 2 - 2 可以看出多年来能够连续取得多枚奖牌，并且与在 PISA 及 TIMSS 当中的表现类似是十分稳定的。也正如前文所提到的，这说明英国在这方面的教育培养已经进入一种相对成熟的模式。在这一模块中除上述测评外，还有一部分值得特别说明的内容，就是英国还制定了很多有关科学素质培养的成熟课程以及测评框架。这说明英国在科学素质教育方面已经从教学走向了框架提炼和评价的阶段，这在国际青少年科学素质发展历程中迈出了重要一步，同时这些框架课程也方便其他国家借鉴与使用，整体上带动全球范围内的共同发展。表 2 - 3 对其中几个典型的课程和测评框架进行了简单的说明。

表2－3　英国部分科学素质相关课程与测评

项目	主要介绍
英国 GCSE 课程 (General Certificate of Secondary Education)	英国 GCSE 课程系列从物理、化学、生物、应用科学、人类健康与生理学、电子学、环境科学等不同方面为学生展示科学,并为每门课程配备相应的评价体系。课程要求学生在理解和应用科学知识的同时,掌握科学研究的方法,认识科学研究的过程。这一评价目标对培养学生的科学素质有着直接的导向作用
AS 与 A 水平测评 (AS & A-level)	在英国,AS 和 A 水平测评相互结合进行合作。其中 AS 作为一项考核活动,包括了一些与 A 水平测评类似的问题,但是整体难度较小,方便在未来的发展与改进。而 A 水平测试的内容则与前面的 GCSE 课程相匹配,以确保从课程实施到评价环节的连贯性
特殊教育需求学生评价量表 (Performance-P Scale-attainment Targets for Pupils with Special Educational Needs)	该测评专为 5～16 岁义务教育阶段有特殊教育需要(SEN)但资历水平低于国家课程考试和评估标准的学生设计,其中规定了成绩达标目标和成绩描述。该量表中的目标要求和成绩描述尝试界定了那些无法进入国家课程的 SEN 学生可能会出现的表现类型与范围,为各个类型学生的全面教育提供保障
科学抽样测试框架 (Science Sampling Test Framework-National Curriculum Tests)	科学抽样测试框架规定了科学抽样测试的目的、形式、内容和认知领域。这个框架不是用来指导教学或告知教师必须怎样去评价学生的,而是利用学生水平矩阵抽样来监测国家的标准。该文件的使用能够辅助和测试课程开发的过程,使全国范围内的科学测评规范化成为可能

　　通过上述课程和测评框架可以看出,英国并未直接提及"科学素质"的说法,而这一点与之前提到的国家课程标准与政策文件的表现保持一致。各类测评和课程项目内容基本上都围绕着上文提到的课程标准中的不同方面展开,而由英国国家考试局(Assessment and Qualifications Alliance)提供的各种课程体系中,也设计了多门与科学相关的课程供学生自由选学,充分激发学生对科学的学习兴趣和热情,使学生通过科学课程的学习来理解科学知识、科学过程以及科学在社会中的本质作用,并对科学证据与科学方法进行批判性评价,同时为以后进一步学习科学知识、从事参与与科学相关的工作打下良好的基础。

　　在这一部分的内容中可以整体看出,英国在一系列国际大型测评项目上评估成绩与评价结果均较好,部分排名较为靠前,整体稳定,呈现了非常成熟的科学素质培养模式。而该国组织的各类科学素质课程及测评项目也超越了一般的测评活动，通过框架和课程的设置给未来科学素质培养提供借鉴，在测试学生的技能和知识的同时，也能充分考虑学生的兴趣及其对于生活和社会发展的价值，进而更为全面地达到提升学生科学素质的目的。全部的课程项目和测评框架均在政策文件的引领下有序开展、循序渐进，稳定地实现着本国对于青少年科学素质培养的目标。

三　非正式教育组织信息

相比于成熟的课程目标制定与测评框架开发体系，英国在通过一些非正式教育组织机构对青少年进行科学素质培养方面的表现也是非常突出的。鉴于英国悠久的国家发展历史和工业革命时期为本国科学技术奠定的良好基础，英国国内出现了很多运营状况非常好的各类科技馆、博物馆以及其他非正式教育机构。这些组织机构大多历史悠久，无论是在活动设计上还是在场馆运行上都非常稳定，多年来能够遵循国家政策的引领，充分考虑到青少年儿童在不同心智发展水平阶段的特点，致力于提升学生在校外机构中对科学学习的兴趣，取得了非常瞩目的成就。本部分内容将以介绍性描述为主，就这些非正式教育机构略作介绍。

在英国的科技馆部分，最为重要的代表就是格拉斯哥科学中心（Glasgow Science Centre）。这一科学中心也被誉为全球最不容错过的科学中心之一，在欧洲甚至全球范围内都具有一定的影响力。格拉斯哥科学中心于2001年成立，坐落于英国克莱德河畔，同时还管理着风电场和天文馆。中心为全英国的青少年儿童提供了大量的科学学习社区项目，同时定期举办各类科学展览、工作坊活动，并在影院中设有现场科学表演及互动展览，让学生在参与活动的同时充分发挥创造力，发现新技能，探索科学概念或最新技术。中心还为低龄学生儿童提供了参加"超级探险家"活动的机会，让他们能够参与到动手的科学实践中。而这些活动也为教师在课堂中的活动设计提供了丰富的创意和灵感。

除格拉斯哥科学中心外，英国科学教育协会（Association for Science

Education）的实体机构也承担了部分科技场所的工作。作为全英国最大的科学协会，英国科学教育协会在百余年来始终依托国家的政策文件，致力于支持卓越的科学教学，关注从学前阶段到高等教育阶段中全部青少年学生的科学素质发展状况。这一协会的成员来自科学教育各个相关领域，包括教师、技术人员、科学顾问等，除提供生物、物理、化学和一般科学的学习课程与阅读资料外，其实体还会定期举办各类科技体验学习活动，如 STEM 工作坊、世界空间周、全国昆虫周、与科学家一起工作的夏令营等多个不同主题的活动。

除科技中心外，英国还建成了一批水平相当高的博物馆，其中部分博物馆也设置了与科学素质相关的体验活动，在青少年科学素质培养的校外机构中扮演了非常重要的角色。这其中包括被誉为"伦敦最值得去的"地方之一的英国科学博物馆、爱丁堡地球动力博物馆以及英国自然历史博物馆等。各个博物馆的介绍及主要活动如表 2－4 所示。

表 2－4　英国部分博物馆简介

名称	简介
英国科学博物馆 （Science Museum）	英国科学博物馆始建于 1857 年，为英国国立科学与工业博物馆的一部分。作为世界上第一个科学博物馆具有非常重要的纪念意义，并成为英国旅游的重要景点之一。英国科学博物馆内保存着在自然科学技术发展史上具有重要意义，对现代科技研究探索也具有重要意义的实物，通过展出与互动活动来吸引游客培养探索科学的兴趣。科学博物馆集团学院还为 STEM 研究的学习人员和教师提供相关培训资源，帮助公众探索有趣的科学问题。公众可以报名参加博物馆举办的有关天文、海底、生命等各类主题的科学探究活动
爱丁堡地球动力博物馆 （Dynamic Earth）	爱丁堡地球动力博物馆建立于 1999 年，主要面向 3 至 18 岁的青少年，为他们提供室内工作坊和户外体验的各类核心课程活动。这一系列活动会由高素质科学专业人士和经验丰富的户外人员带领，采用跨学科的方法涵盖科学、社会、健康福利以及技术等一系列学科。此外，爱丁堡地球动力博物馆也提供社区学习和家庭学习活动，通过参与科学展览和科学家等活动帮助学生了解地球是如何运作的。该馆同时面向教师开设 STEM 等主题的培训活动，帮助教师获取培养学生科学素质的必备技能

续表

名称	简介
英国自然历史博物馆 （The Natural History Museum）	英国自然历史博物馆具有非常悠久的历史背景,其前身为 1753 年创建的不列颠博物馆的一部分,1881 年由总馆分出后于 1963 年正式建立。馆内大约藏有世界各地 7000 万件标本,是伦敦群众性科学活动的主要场所之一,每年观众和活动参与人数能够达到 200 万。该馆设有讲演厅,组织公众演讲传授自然科学知识,同时开展多种对外服务和国际性活动,与有关科研单位、其他国家的科研机构进行交流合作开展研究。博物馆网页会提供很多关于自然问题的资料和解答,帮助公众深入了解博物馆藏品和科学家的研究故事。博物馆还设计了一系列活动吸引公众的实践参与,如青少年可以在博物馆野生动物调查活动中参与样本数据的收集处理等,体验成为一名科学研究者

前文提到,英国在科学技术发展上具有悠久的历史,而博物馆的一大主要功能便是向参观者呈现这种科学史的发展历程,因此可以说英国在博物馆的建设上具有得天独厚的优势,而其国内存在的几大博物馆不但历史悠久且建制优良,是英国国内非正式科学教育的重要场所。通过表 2-4 中的信息也可以看出,很多博物馆除承担展览工作外,也开展了一些与科普相关的体验参与活动,可以说与科技馆之间形成了一部分功能上的交集。这对于扩大校外机构进行科学素质培养活动的场所来说是更为有利的。

除上述提到的科技馆及博物馆外,非正式教育机构中还存在一些科学协会、基金会等组织机构。这些机构虽一般不承担多受众、偏科普性质的活动,但在青少年科学素质培养上也贡献了不可或缺的力量。在英国,这类机构的数量也是非常庞大的,以下就英国科学协会、英国科学教育中心以及维康信托基金会为例进行简单说明（见表 2-5）。

表 2-5　英国其他非正式教育机构简介

名称	简介
英国科学协会（British Science Association）	英国科学协会前身为英国科学促进会（BAAS）,成立于 1831 年。其任务是促进公众对科学技术的理解,促进科学的发展,并阐明和增进科技对文化、经济和社会生活的贡献。协会创建、管理和提供一系列项目、活动,包括英国科学节、英国科学周、公民科学活动、国家科学工程大赛（NSEC）、科学通信会议和媒体奖学金计划等

续表

名称	简介
英国科学教育中心（The British Centre for Science Education）	英国科学教育中心的成员来自科学、商业、教育、工程和 IT 等多个领域。该中心具有自建的数据库，并将数据库的内容提供给教师和其他教育工作者、当地教育部门、地方和国家、大学生、从学校和大学招聘的企业、传媒、工会等涉及科教的专业团体等
维康信托基金会（Wellcome Trust）	基金会致力于资助世界各地的科学家和研究人员，其中包括生物医学科学、人口健康、医疗创新、人文社会科学和公众参与等方面。在科学教育方面，基金会每年在教育研究、专业发展、教师和学生资源与活动上投资。决策研究和证据研究是基金会支持教育的核心，基金会以此来发现和支持那些对年轻人对科学的理解和兴趣产生积极影响的事物，帮助未来政策和实践的制定与实施。自 2003 年，基金会已在国家 STEM 学习中心投资了 4500 万美元用于科学相关专业发展。此外基金会还支持非正式科学学习、学校管理者学习和实践科学等

　　从上述校外组织机构的信息中，可以看出英国本土的科技馆、科技中心以及博物馆等各类组织机构的数量非常多，形式也多种多样，并且大多历史悠久。这在各个国家或地区的案例对比上是一个突出的特征。这些科学素质培养活动种类丰富、涉及面广，充分顾及了学生的不同发展兴趣与需求，吸引和激励了各个年龄层次的学生学习。除上述呈现的内容之外，英国爱丁堡皇家植物园等一些其他领域的组织机构也会举办多种面向个人、学校、社区、家庭的科学教育活动。可见，从顶层设计到下位实施的具体活动，英国在学校或团体的教学中，对科学能力、融入社会等科学素质的要求贯穿始终。

　　在提及的这类非正式教育组织机构案例中，其同样很少直接提及"科学素质"的相关字样或说法，并且相比于第二模块的内容，这类非正式教育组织机构的教育愿景并未直接关联到科学课程标准与政策文件，但其本身还是充分涵盖了青少年科学素质培养的各方面要求。例如帮助学生更好地学习理解科学概念、养成科学的思维习惯、模拟科学家的活动来尝试科学研究方法，以及处理在社会生活中遇到的各类问题等。在英国的案例中，这些校外机构的活动资料获取难度较低，大部分内容都面向全球各类研究人员和青少年开放，方便从中找寻适合于自己的活动进行参与、借鉴。

通过英国的校外机构案例分析，可以总结出一些英国特有的经验。首先是科学史的重要特征。由于英国国家发展历史久远，外加工业革命的起源较早，科学技术发展迅速，在很长一段时间里积累了大量科学技术文明的产物，因此科技馆和博物馆中都保存了很多与此相关的科学史物品和记录。英国充分利用了这一系列资源，向大众普及科学史的相关知识。其次是注重各方面人才的共同参与协同发展。各个机构所举办的活动大多集合了科学研究者、学生、社会其他成员来共同参与，这种参与能够充分利用不同人群的优势特点，也能够促进社会公民科学素质水平的共同提升。最后，英国的科学素质教育还拥有大量的基金投入和政府支持。很多政府组织和民间组织纷纷加入相关活动的设计和实施过程中，从质和量上充分确保了活动能够有效覆盖尽可能多的青少年，为科学素质提升计划奠定物质基础。上述特点也是世界各国开展青少年科学素质培养过程中值得反思的地方。

四　学校及团体的科学素质实施案例

在学校及团体的科学素质实施案例部分，笔者选取了英国的鲍斯菲尔德小学（Bousfield Primary）进行简单的介绍。鲍斯菲尔德小学位于中伦敦地区的肯辛顿和切尔西区（Kensington and Chelsea），作为人口的重要聚集区，中伦敦地区的青少年数量很多，每年学生入学都是一个重要的问题。而鲍斯菲尔德小学是该地区一所非常优秀的公立小学，能进入该学校的学生通常面临着较大的竞争压力。鲍斯菲尔德小学一般就近招收家庭距离学校一定范围内的适龄学生，该校也在教育标准局的评分中稳步走高，考评优秀。这些学校一般通过限制入学人数来保障在校学生的师生比，进而为在校学生提供更高质量的教育资源。

鲍斯菲尔德小学在科学教育方面具有较为突出的特点。学校依据英国课程标准中科学素质相关内容的要求，通过设计科学课程激发学生对周围世界中的现象和事件的好奇心，引导学生亲身实践，学习科学知识，获得科学探究技能，达到"科学地工作"的目标。课程把直接的实践经验与思想联系起来，因此能够激发各个层次学生的兴趣。学生可以通过科学课程，利用第一手经验来探索、发现和获得科学知识，调查并回答科学问题。教师教导学生辨别、分类、识别模式与关系并从各种来源中选择信息。学生在科学探究过程中进行假设、测试并评估他们的想法，以及使用科学语言、绘制图表并进行交流。可以看出，鲍斯菲尔德小学的教育会确保学生在校期间始终培养"科学地工作"的技能，以便孩子们可以自信地使用科学仪器进行实验，建立论据和解释概念，同时持续地保持对周围环境的好奇心，继续提出问题进行探索。

鲍斯菲尔德小学尽可能以跨学科的方式教授国家课程中的科学内容，以便与其他学科领域建立重要的联系，加强和加深儿童的认知与理解。该校科学课程提供有趣、引人入胜的高质量科学教育，为学生提供了解世界的基础知识。学校还会为学生提供与当地自然环境互动的机会，确保学生通过他们周围世界的各种第一手经验来展开科学学习。该校的教育模式和实践安排为学生准备了充足的户外活动体验机会，让学生能够在教室之外的环境中进行科学学习——例如通过参观植物园学习关于植物的相关知识。科学课程的目的是确保学生学习科学知识，以培养对环境和所有生物的负责任态度。通过各种讲习班、旅行和与专家的互动，学生将了解科学的重要性：科学如何改变我们的生活以及它在世界未来发展中所扮演的重要角色。

除了涵盖生命周期、成长和发展等领域的科学课程外，鲍斯菲尔德小学还为处于关键阶段2的学生提供"关系与性教育"课程。这一课程在各个国家或地区的案例当中是极具特色的。该课程由班主任组织实施，并邀请家长提前查看材料。这一课程为选修课，父母有权选择是否让自己的孩子参与，并且能够随时退出课程。但是学校认为这是青少年教育的重要组成部分，因此强烈鼓励学生参与。值得另外说明的是，英国基础教育的教材选择权利是下放到地方的，而在实际执行过程中主要是由各个学校、教师自行决定的。很多教材出版商在进行教材设计时主要目标并不是单纯满足课程标准的要求，而是真正贴近一线教师和学生的教学需求。由此可以看到英国学校中的教师基于课程标准要求，对于"教什么""用什么材料教"是具有极高的灵活度的，而这对于面向每一位学生的不同条件开展灵活教学具有非常重要的价值。

鲍斯菲尔德小学的案例体现了英国在青少年科学教育上的一些共同特点。首先是强调动手能力，学校充分意识到科学是需要通过实验与操作来习得的。因此除了科学知识和概念外，锻炼学生的科学技能是十分必要的。学校还强调学生应当利用学习到的科学知识来更好地生活，解决生活中遇到的问题。这一思路与研究所提出的科学素质对青少年的要求是不谋而合的。此外小学阶段还有一个更重要的任务，就是培养学生对科学学习的兴趣。小学是学生初次开始正式接受科学学习的时期。这一时期学生对于科学的态度和兴趣，将直接影响他们后续对科学的认知，并影响他们未来是否愿意学习科学、从事与科学相关职业的意愿。因此，一些互动活动和课外体验在小学科学学习当中被赋予了更为重要的意义，而这一点也得到了小学领导的充分肯定。

除鲍斯菲尔德小学的案例外，在这一部分内容中还有一个值得探讨的话题，就是"在科学教学中纳入真实的地球环境"课程。正如上面提到的，课程目标呈现了英国的科学教学更多地强调科学在现实世界中的应用，包括科学如何为解决未来的重大全球问题做出贡献，其重点放在可持续的解决方案上。研究表明，使用实践活动对 A 水平考试选择能够产生积极影响。在过去的几年里，每年都有 80 多名青少年女孩与 STEM 大使合作，共同参与到相关挑战中去。这些挑战对女孩们理解科学改变人们生活的潜力产生了实实在在的影响，并激励她们中的一些人在 A 水平考试中选择 STEM 科目。在温彻斯特科学中心，学生们参加了西红柿压扁挑战赛；来自贾奇梅多（Judge Meadow）学校的学生们通过测试材料的抗拉强度作为实际行动的一部分，完成了洪水相关的挑战；来自福尔斯泰德学校（Felsted School）的女孩以洗手站模型在 2017 年的 CREST 青少年大挑战比赛中进入决赛，等等。

上文呈现的这些学校通过参与与科学素质相关的 STEM 教育活动，引导学生们取得了令人欣喜的成果。这些学生或是在 A 水平测试的选择中更多地选择了相关学科内容，或是积极参与了各类科学竞赛活动并进入决赛，取得了优秀的成绩。而鲍斯菲尔德小学作为其中一个主要案例，也体现了英国学校对学生发展的重视，展现了国家对学生科学素质培养的关注。综合上述几个不同方面，可以看出英国是一个在科学素质培养方面相对成熟、有一套相对完整的教育模式的国家。英国在学生科学素质培养上的经验，值得其他国家特别是在这一领域起步较晚的发展中国家学习借鉴。

第二节　芬兰

芬兰作为一个科学教育表现十分突出的国家，近年来吸引了来自全球各国的教育研究者的兴趣，希望能够从其教育方法与模式中汲取经验，提高本国学生的科学素质水平。整体上来看，虽然芬兰本国的政策文件中也并未过多地直接提及"科学素质"的说法，但从其国内对学生培养的要求来看，其对于青少年未来发展的期望与科学素质的要求之间存在一致性，这与前面英国的案例表现是相似的。芬兰对本国学生参与各类竞赛、评比活动中的成绩都没有过分重视，在各种项目活动的设计上也没有像其他一些教育发达国家那样表现出较高的多样性，然而其依托已有的资源依旧为青少年提供了良好的发展场所与环境。

芬兰在学生发展过程中的一大特征是关注点并不在对于课业成绩的严格要求上，而是十分在意学生学习科学的趣味性以及学生在日常生活中能够应用科学来解决问题的能力。也正是这种被研究者戏称为"与世无争"的态度，塑造了芬兰与众不同的科学教育模式，并取得了非常突出的成果。以下内容将从课程标准与政策文件、科学素质发展项目、非正式教育组织信息，以及学校及团体的科学素质实施案例四个方面来对这一结果进行具体分析。

一　课程标准与政策文件对科学素质的要求

芬兰的国土面积并不大，岛屿众多且部分国土位于北极圈内，是一个冬季漫长、生活节奏并不快的国家，被青少年亲切地称为"圣诞老人的故乡"。虽然地理位置并不优越，但作为欧盟国家之一，芬兰的人均 GDP 一直远高于欧盟平均水平，公民生活质量极高，曾被评为全球最幸福的国家。这样一种整体祥和的国家文化背景，孕育了芬兰独具特色的科学教育模式。

早前在由全球经济合作与发展组织（OECD）进行的各类评估中，芬兰学生的科学表现遥遥领先，一度被认为是欧洲乃至全球范围内科学教育的优势国家。数年来，大批来自全球的研究者对芬兰展开了调查分析，想要了解其科学教育发展中存在的模式及经验，然而直至今日都未达成完全统一的共识，甚至于研究者发现芬兰学生的课堂学时和课后投入的复习学时都很少，反而各类假期时间更长。这样的表现与芬兰学生成绩间的关系也引起了很多学者的不解。

在课程标准与政策文件部分，可以看到芬兰与前面提到的英国案例之间具有一定的相似性，那就是芬兰的相关标准和文件中也较少直接出现"科学素质"的术语和具体概念界定。在科学教育研究中，欧洲与美洲之间确实存在不同的区域特点，无论是从国际会议的主题、研究方向，还是从对于部分概念的强调与界定上，长久以来都呈现两套不同话语体系的特征。然而，对于这一概念界定的表面缺失事实上并不意味着对于要求的削弱。通过文件的分析，可以发现芬兰的课程标准中所强调的对于青少年的培养预期，与科学素质所强调的关注点之间是存在一定的一致性的。在这里我们选取了由芬兰国家教育委员会（Finnish National Board of Education）于 2016 年出版印刷的《国家基础教育核心课程标准（2014 版）》（*National Core Curriculum for Basic Education 2014*）（以下简称《标准》），在《标准》中芬兰提出了基础教育的主要任务。

基础教育的任务可以从其教育任务、社会任务、文化任务或与未来有关的任务的角度进行研究。基础教育的发展以包容原则为指导，必须确保教育的可及性。提供基础教育的每所学校都有教育任务，这意味着学校要与家庭合作，支持学生的学习、发展和幸福生活。基础教育为学生提供多种能力发展的机会，增强学生作为人类、学习者和社区成员的积极身份体验。教育要促进参与，鼓励作为民主社会成员的可持续生活方式。基础教育还应让学生了解、尊重和捍卫人权。

通过上述《标准》中的任务说明可以看出，芬兰的基础教育更加倾向于培养能够走向社会的"人类"、"社区成员"和"学习者"，希望学生未来走向社会时能够更好地生活，尊重与理解他人。而这一点与科学素质关于应对社会生活的要求是具有一致性的。《标准》提出，在一段时间内课堂的变化也许不会太大，但学校之外的科技世界却是不断快速变化着的，而这种变化不可避免地会影响学生的成长。基础教育应当能够发挥其重要的影响力，推动国家和国际层面的积极变革，最终为社会发展做出贡献。芬兰的教育政策中无数次提及了这一点，可见国家对于学生的未来发展和社会价值实现是极其重视的。

细化来看，芬兰国家教育委员会基于上述基础教育的任务，进一步提出了教育的国家目标。芬兰的国家教育目标共分为三个层面，这些内容不但紧贴基础教育任务需求，同时为未来的学校课程具体落实与实施提供了参考依据。芬兰基础教育希望学生通过学习后能够达成三个不同层面的要求（见表 2-6）。

表 2-6 芬兰国家教育目标的三个层面

层面	具体说明
成长为良好的人和社会公民	教育的中心目标之一是支持学生成长为健康、自尊的人，并成为具有道德责任感的社会成员。教育应促进学生对文化和人文主义传统知识的理解，尊重生命、尊重他人与自然。要明确人的尊严不可侵犯，尊重人权以及芬兰社会的平等民主价值观。一般知识能力中还应包括合作与责任感，促进学生养成良好的学习习惯和举止，以及促进可持续发展

续表

层面	具体说明
获取必要的知识与技能	教育的关键目标应帮助学生获取广泛的基本知识与能力,为拓宽他们的世界观奠定基础。为此,学生需要获取不同领域的知识和技能,并具备将这些知识领域联系起来的跨学科能力。学生还应明确技能的重要性,学校所教授的知识必须基于科学信息。此外还应包含以学生母语以外的语言提供的教学组织和目标,以及基于特殊世界观或教学系统的教学
促进知识能力增长,强调平等与终生学习	所有活动都必须增强教育的公平性和平等性,致力于提高学生的终身学习能力。学校应利用交互式学习环境和校外学习环境作为教学资源,强调促进成长以及学校文化的重要性。教育应向学生传授所需的基本知识和能力,并为学生终身学习奠定基础。除在各个知识领域内完成目标外还应争取跨学科的能力。在此基础上,核心课程定义了核心科目和横向能力以及多学科学习模块的目标和内容。为实现这些目标,需要进行系统的合作与目标评估

通过对教育目标的细致分解,可以看出芬兰对学生的教育培养与科学素质的要求有了进一步的挂靠关系。这其中除了教育任务中要求的成为能够应对社会事务的公民外,还强调了对于科学知识的理解、科学技能和相关能力的掌握,以及终身学习的态度,这些内容在科学素质的定义中也同样有所体现。值得关注的是,在芬兰的教育目标中还提及了一个"横向能力"的概念,而这一概念也是引导芬兰教育目标后续拆解的关键。

横向能力（Transversal Competence）是指由知识、技能、价值观、态度和意志组成的实体,其中能力还包括了在特定情况下运用知识和技能的能力。面对周围世界的不断变化,教育对于横向能力的需求与日俱增。这种能够跨越知识和技能的不同领域、彼此之间相互关联的能力是现在和将来个人成长、学习、工作和公民活动的先决条件。横向能力总共包含七个内容（T1～T7）,其中与科学素质要求联系紧密的分别为 T1、T3、T6 和 T7 四个部分。依照本书主题,现就这四个内容展开介绍（见表 2-7）。

表 2-7　芬兰教育"横向能力"的部分构成

条目	简介
思考和学习如何去学习(T1)	思考和学习技能是其他能力和终身学习能力的基础。学生将自己视为学习者并与周围环境互动的方式会影响他们的思维和学习,而学生学习观察的方法以及探索、评估、加工、生产、共享信息和思想的方式也至关重要。教育应引导学生意识到可以用多种方式构造信息,促进思考和学习的发展
更好地管理自身日常生活(T3)	对日常生活的管理需要越来越广泛的技能。该领域涵盖了健康、安全和人际关系、交通和运输,以及在日趋技术化的日常生活中行事并进行自我管理。上述内容都是可持续生活方式的组成部分,基础教育应当鼓励学生积极思考自己的未来
工作生活能力及创业精神(T6)	由于技术进步和经济全球化等因素的驱动,生活、职业和工作性质都在不断发生变化,预测工作需求相比以前变得更加困难。基础教育必须具备促进人们对工作生活产生兴趣和积极态度的一般能力。学生要获得经验来帮助他们理解工作和进取的重要性、创业的潜力以及作为社区和社会成员的个人责任。学校要为学生积累工作生活知识,学习企业家的操作方法,并了解在学校和业余时间获得能力对于他们未来职业的重要性
参与及构建可持续发展的未来(T7)	参加公民活动是实现有效民主的基本前提,而参与本身和参与技巧以及对未来的负责任态度只能通过实践来加以学习。学校是一个能够有效达成上述目标的安全环境,基础教育为学生成长为积极负责任的公民奠定了能力基础。因此学校教育的任务应当包含鼓励并加强每个学生的参与

在芬兰的教育政策文件分析中,可以看到几乎未曾提及"科学素质"的概念,然而对比教育目标与任务,特别是分析"横向能力"后可以看出,其与科学素质的培养要求本质上具有相通性。值得特别关注的是,芬兰的每一个教育目标,无一不指向学生在未来成长、生活、工作中的发展。这些内容也更加侧重于科学素质模块中关于"社会与生活"这方面的要求。可见芬兰教育为学生之计深远,相比于当下获得的科学知识和概念,学生在走向社会成为成熟公民后,如何生活,如何工作,如何面对社会中的问题进行决策以及参与社会性事务,是芬兰教育的着力点。

二　科学素质发展项目

同其他国家或地区一样，芬兰在政策文件的引领下也参与了国际上举办的各类有关科学素质的测评及竞赛活动。作为最早一批参加测试的国家之一，芬兰在 PISA 与 TIMSS 等测评中都有着不俗的表现。

从测评竞赛的角度上看，芬兰是在各类测评项目率先发起的一段时间内表现非常突出的国家。在参与的 PISA 对科学学科的测评中，芬兰在 2009 年以 554 分排名第 2，成绩上仅次于中国上海。2012 年 PISA 测评中以 545 分成绩排名第 5，2015 年 PISA 测评中则以 531 分排名第 5。虽然从分数上看呈现了小幅下降趋势，但从排名上看则保持了相对稳定的状态。而在 TIMSS 科学学科的测评中，2011 年，芬兰四年级学生以 570 分排名第 3，八年级学生以 552 分排名第 5。2015 年，四年级学生则以 554 分排名第 7。除 PISA 和 TIMSS 外，芬兰在国际科学奥林匹克竞赛中的成绩也相当不错（见表 2 - 8）。

表 2 - 8　芬兰国际科学奥林匹克竞赛成绩

竞赛科目	成绩表现
国际生物奥林匹克 （The International Biology Olympiad）	2015 年 3 铜；2016 年 3 铜； 2017 年 2 铜；2018 年 3 铜； 2019 年 3 优秀
国际物理奥林匹克 （The International Physics Olympiad）	2015 年 4 铜；2016 年 3 银 1 铜； 2017 年 1 银 1 铜；2018 年 1 银 1 铜； 2019 年 1 金 2 铜
国际化学奥林匹克 （The International Chemistry Olympiad）	2014 年 1 铜；2015 年 3 铜； 2016 年 1 铜；2017 年 2 铜； 2018 年 2 铜

事实上早在 2006 年的 PISA 测评中，芬兰曾以第 1 名的成绩获得了世界上各国科学教育研究者的关注。自此之后，芬兰也吸引了很多教育研究人员和一线教师们前往考察分析，希望能够了解芬兰的教育模式，分

析其中是否存在可以借鉴的要素。然而正如前文所提到的，若干年间学者们依旧未对此达成共识。虽然芬兰在这些测评活动中的表现呈现了微幅下滑的趋势，但从最开始这类评比结果尚未引起大范围关注的时候，芬兰的突出表现更是体现出学生的真实水平。在其后的几次测评中，芬兰本国并未过分追求成绩与排名上的提升，在奥林匹克竞赛活动中的表现也相对平平。相比于这些竞争项目，芬兰教育似乎更加关注学生的学习兴趣和日常生活，因此国内的各类测评压力甚少，也并未举办太多竞赛考察活动。

在竞赛上不攀比，致力于学生的终身发展和学习兴趣提升，是芬兰在青少年科学素质培养上的一个重要特征。虽然并未组织或举办很多竞赛活动，但是芬兰在各类科学素质发展项目上投入了较多的精力和资源。下面就芬兰科学中心样板项目、芬兰 LUMA 中心项目，以及图书馆科学素质提升研讨计划三个项目进行简要的说明（见表 2 - 9）。

表 2 - 9　芬兰举办的部分科学素质发展项目

项目	简介
芬兰科学中心样板项目	该项目为依托芬兰科学中心设立的科学素质培养项目。样板项目包含了一系列科技活动，致力于激发学生的科学学习兴趣，培养学生的科学实践能力。样板项目中的活动包含科学领域内化学、物理、生物学等各个学科的内容，全部活动会根据学生的需求进行改进与更新。其中部分项目活动包括利用化学实验技术开展的"颜色实验室"，了解气体知识的"加入空气！"，基于基础物理学知识的"电的传递链"，融合了细胞生物学的"DNA 电泳"，以及帮助青少年了解自己的"敏感的大脑"活动等
芬兰 LUMA 中心项目	LUMA 是芬兰语自然科学（Natural Sciences）、数学（Mathematics）等几个词语的缩写，在芬兰语中类似于英语所说的 STEM 教育。LUMA 中心项目的主体是分布芬兰境内几所主要综合性大学科学院的一个学习中心，其实施的培养项目直接对接本国的青少年。由于项目中心设立在大学的科学院，因此在实施上可以充分利用师资和实验室环境等资源来开发科普项目和实验活动。例如解剖一只小青蛙、实验室制作彩色冰淇淋等活动深受广大青少年儿童的喜爱。第一个 LUMA 学习中心项目于 2003 年开设于赫尔辛基大学，创设目的是启发和鼓励青少年对自然学科的兴趣以及钻研科学的热情

续表

项目	简介
图书馆科学素质提升研讨计划	该计划由图书馆、教育机构代表及决策机构于2014年共同启动,致力于探讨如何利用已有的知识来整合图书馆参与青少年科学素质能力的培养,增强行业促进批判性阅读的能力及知识可靠性,同时考虑不同图书馆参与者在提高科学素质方面的合作和分工。在该计划中,参与者们能够熟悉图书馆活动,了解其如何促进科学素质的培养,并通过自由交流的方式吸收参与者的各方意见。组织者通过活动还会申请到政府部门的资金,并以此支持后续科学素质培养相关活动的展开。该计划能够提升科学素质领域专业人员的技能,并加深与信息生产者和信息提供者的合作。通过合作分工更好地提高人们在日常生活中利用图书馆服务信息的有效性

尽管示例中仅提供了部分案例,但不难看出芬兰境内的科学素质培养项目充分融入了青少年的日常生活中,且参与的组织机构种类多样,实现了政府、学校、图书馆等校外机构、科研院所间的强势联合。以 LUMA 中心项目为例,其所设置的中心实体现共在芬兰境内拥有 13 个分支机构,几乎遍布芬兰的每个主要城市,满足了全国境内绝大多数青少年学生参与的需求,而 LUMA 中心项目内的实验室与设施也面向中学开放,教师可以依据教学需求借用,实现了中心 – 学校的良好对接。

芬兰在科学素质培养概念方面指出,科学素质和人们在日常生活中积累的科学知识的使用,在当今社会环境下变得越来越重要,同时其实现也越来越困难。社会上出现了越来越多的利益群体在忽略科学依据的基础上,试图影响诸如人类健康或营养之类的决定。相应的,现在很多公民还处于科学素质水平较低的早期阶段,因此对于普通公民来说,通常很难判断哪些信息是可靠的,以及哪些角色在哪个领域内可以更好地被加以信任。而针对这些问题,很多科学素质培养机构提出了各类项目,这些数量众多的项目活动正通过不同的方式促进公民科学素质、文化和社区的发展。

通过这一部分内容研究可以看出,芬兰科学素质培养无论是从基础知识构建,还是从资金配备上来看都做得非常成功,政府也在这一教育目标上投入了大量资金。例如上述由图书馆等公立机构自发开展的、旨在为提升大众科学素质水平而设计的交流活动,可以反映出国家决策层面对科学素质培养的重视。芬兰在青少年科学素质培养方面具有相当长的历史。作为一个成熟的教育发达国家，该国虽然在竞赛和测评类项目数量上并不占优势，却能依托各类资源将已有活动完善细致化，达到最高的使用价值，并充分考虑了各方的资源合作共享，促进青少年科学素质的连贯培养。

三 非正式教育组织信息

正如上一模块所提到的，相比于参与举办各类竞赛活动，芬兰在校外非正式教育机构当中投入较多的人力与物力资源。OECD 在其针对各个国家的创新政策评价（OECD Reviews of Innovation Policy）中曾指出，芬兰在教育投入上的水平是远远超出欧洲平均值的，并且其一大特点在于就算处于经济下滑时期，也不会减少在教育上的国家投入，足见其对青少年素质培养的高度重视。

芬兰通过设立各类博物馆、科学中心，有效吸引了学生参与到科学学习中。这不但能够有效提升青少年对科学学习的兴趣，还能够帮助学生将科学知识有效应用于日常生活。在这些校外机构当中，大多数都非常重视游客——青少年在其中的感官体验，在活动设计上真正做到了以学生为中心，充分匹配不同年龄段的青少年认知水平与学习需求。其中部分中心还将活动直接展示于官方网页中，方便学生和家长了解各类活动的举办信息，结合各自的兴趣选择是否参加。

在这一部分的信息检索与数据收集过程中，来自赫尔辛基大学的教育研究者亲自前往芬兰非正式教育机构体验了部分活动，并与一些学生及家长进行了交流。结合实地体验的感受，本节选取芬兰科学中心以及芬兰国家自然历史博物馆两个案例进行简要的说明与分析。

赫尤里卡芬兰科学中心（Heureka Finnish Science Centre）位于首都赫尔辛基北部万塔（Vantaa），早在 1989 年就已经开馆，每年都会有超过 30 万人次的参观量。赫尤里卡芬兰科学中心面向团体和学生提供了各种各样的科学体验项目和实验，充分做到了寓教于乐。该科学中心的建立旨在促进大众对于科学知识的了解，发展并普及科学教育的方法。在科学中心，学生可以自己动手制作与科学相关的展览品，其中大量的学生作品还会保存在中心进行展出。科学中心下设天文馆，可以用来展示与科学相关的数字电影，吸引青少年对于科学学习的兴趣。芬兰科学中心始终致力于开展科学研究活动，明确活动中的科学核心；激发公众对于这些活动的参与，从而促进大众对科学的学习。实践表明，赫尤里卡芬兰科学中心的各类活动反馈确实也印证了上述使命对公众的影响。

芬兰另外一个承担青少年科学素质培养任务的机构是芬兰国家自然历史博物馆（Suomen Kansallismuseo）。该博物馆同样位于芬兰首都赫尔辛基，主要介绍了芬兰的自然世界及生活历史，并开设了"骨骼陈述"等几个非常知名的大型展览活动。与赫尤里卡芬兰科学中心相比，国家自然历史博物馆是附属于赫尔辛基大学的，由一个博物馆主体和另外三个植物园构成，同时肩负着提供自然领域科研环境的任务。不过除科研活动外，场馆也面向公众提供一些科普性质的活动，比如参观者可以用志愿者的身份加入鸟类、昆虫和植物的观测团队等。博物馆主体面积不算太大，但设计精良、空间利用率高，为观众普及了大量科学知识。在这里，青少年可以下潜到波罗的海深处探究海底世界，也可以穿越时光感受恐龙世界的神奇。

芬兰作为一个旅游业也很发达的国家，每年都吸引了大量国际游客前往游览。而在这些旅游活动中，上述两个机构——赫尤里卡芬兰科学中心与芬兰国家自然历史博物馆不但是非正式教育机构，还成为旅游活动中的一个高质量游览地。这说明无论是从设施建设上，还是其"可玩性"与"娱乐性"上，这些机构都具有很高的价值。这些信息从侧面印证了芬兰在非正式教育机构上的投入状况，也说明机构中的活动项目对青少年学生的吸引程度。当然除上述两个主要的科技馆、博物馆外，芬兰境内还有一大批引人入胜的非正式教育场馆（见表2-10）。这些场所有的融合本土的地理特色，有的结合了本国的历史故事，给青少年提供了大量拓宽知识面的机会。

表2-10　芬兰部分特色非正式教育场馆

场所名称	简介
芬兰海事博物馆	海事博物馆位于芬兰图尔库,主要作为面向公众普及海事活动相关知识的场所,现也成为图尔库的旅游景点之一。芬兰的地理环境使其领土内包含了大量岛屿,因此芬兰的海上运输和军事具有非常久远的历史。在海事博物馆中,公众可以看到在展的各类船只及蒸汽设备,在了解知识背景的同时还可以登船体验
芬兰手工业博物馆	手工业博物馆于1940年落成开放,现也成为图尔库的旅游景点之一。该馆展出了各类手工艺品,反映了芬兰历史上一段时间的人类生活模式。馆内设计了各类能够让青少年自行体验的工作坊,并且会定期聘请手工艺人来馆进行实际操作展示。凭借其别具趣味性的活动,每年都会吸引大量参观者游览体验
芬兰极地博物馆	极地博物馆又称拉普兰省立博物馆,位于芬兰罗瓦涅米。芬兰具有独特的地理环境,其国土约有1/3位于北极圈内,因此极地地理生态特征成为芬兰科学教育的一大特色。极地博物馆的很多设施位于地下,隐喻了古时人类用以避寒的一般方法。极地博物馆致力于面向青少年普及北极圈的科学知识,保护极地物种多样性,号召大众参与到环境保护和生态环境复建的过程中

　　借助研究者的实地体验与上述信息,可以发现芬兰这些非正式教育组织机构的活动存在以下特点。第一,高度重视活动的趣味性。各类活动不仅仅重视"量",更加重视"质",力求让有限的活动发挥最大的作用。各类活动中的细节设计十分到位,例如在森林环境中的活动会致力于模拟类似的环境,并且设有很多学生能够亲自动手的科学实验室,同时也有很多基于人工智能的游戏,充分与科技的发展相联系。第二,场馆设计充分覆盖全年龄段。场馆活动的设计老少皆宜,不只是仅仅关注低年龄段的学生,更是将全年龄段的青少年包括成人参与者考虑在内,实现了科学素质培养的全年龄贯通。特别是国家自然历史博物馆还承担了科研的任务,很多成年人可以作为志愿者参与到真正的"科研活动"中,实现科研面向大众开展,这是一个大众科学素质普及的很好案例。第三,实现馆校结合,与学校的培养相互支持。在芬兰,学生去科技馆上课是日常课程设计的一个固有部分。在各类场馆当中,随时都能看到学校的教师们带领自己的学生去参与授课活动。这种馆校结合的充分实

现依赖于相关政策的保障，使得科学素质的普及达到了横向与纵向的充分连贯。

除此之外，可以看到芬兰的各类场馆充分体现了本国的特有属性。例如海事博物馆、极地博物馆等都极具芬兰本土特色。在科学素质的相关要求中，提到要让学生在自己生活的环境中更好地融入社会、解决问题。这种本土化的科学普及活动对于这一要求的达成是具有重要价值的。在科学素质普及上，芬兰一直是表现很好的国家。该国在竞赛测评成绩中的良好表现，与这些独特的校外培训活动也具有相当大的关系。而上述特点也值得其他国家或地区学习。

四 学校及团体的科学素质实施案例

芬兰境内有很多致力于为青少年科学素质发展服务的机构和单位。芬兰第二大私立儿童教育提供商皮尔克（Pilke）投入开发的"下午学校"是其中一个突出的具有特色的青少年科学素质培养项目，在此进行简要的说明。

皮尔克作为一家还在不断成长发展中的公司，致力于通过创新的方式面向芬兰的青少年儿童开展教育服务工作。其中，科学素质的培养是其快乐学习项目的重心之一。皮尔克的理念是成为学生"美好一天的创造者"，通过创建形成性的学习环境以及激励的氛围，来支持学生的学习与成长。"下午学校"是一个机构与学校合作的活动，为小学的学生提供有助于家庭和学校教育的环境，在赫尔辛基与柯克库努米共计设有 24 所下午学校。这些学校可以在照顾学生的同时为他们提供科学活动，让家长、培训者、护理人员一起为学生构建完美而有意义的学习环境。

皮尔克的下午学校遵循五个价值观。第一是安全，这也是下午学校的建立前提。安全包括了促进学生成长、学习和工作的身体、心理以及社会环境的安全，让活动接受各方的监督和检查。第二是以学生为中心。下午学校希望每一位参与者都能够接受自己，在这里，父母、孩子和同伴会受到平等的对待与尊重，自尊以及互通角色之间的保密沟通对于学生的学习是至关重要的。第三是换位思考。下午学校的教师有一个重要的任务——倾听。他们接受学生的意见，并给予时间和鼓励，在幽默欢乐的氛围下帮助学生解决可能遇到的问题。第四是参与。下午学校的学生被看作积极的参与者与学习者，而参与会影响人的环境经验，机构希望学生能够更多地去参与和体验在日常生活中遇到的事物及现象。第五是创新。这里的创新源自以新的方式来尝试做事的热情和勇气，学生应在活动的过程中不断地评估和塑造自己。

下午学校中有一个活动设计考量与美国 2061 计划具有一致性，即他们希望在活动的同时能够鼓励儿童探索他们的职业志向，发现核心优势，并发展关键的生活技能。前者更加类似于 STEM 教育中对学生职业规划的考量，而后者则符合青少年科学素质培养中与社会生活相联系的要求。皮尔克认为："今天的孩子是明天的决策者"，因此每一个活动项目的设计都侧重于这些学习者在明天的工作环境中取得成功所需要的技能，教育工作者的设计应当适应于学生的需求，致力于让学生有能力塑造自己的未来，并具备面对未来挑战的能力，通过这些有趣的、具有启发性的活动来让学生生成有意义的学习体验。皮尔克也指出，不只是学生从教师那里学习知识，当学生在学习中获得乐趣和想法时，这些反馈也可以反过来为教师提供帮助，激励教师进一步发展自己。

以其中的一个"未来宇航员计划"（Future Astronaut Program）为例，对这一项目进行简单的了解后发现，在这个为期 12 周的计划中，学生可以体验到真正的 NASA 宇航员的培训计划。项目设计基于芬兰教育专业知识中"趣味学习"的方法，旨在发展学生的生活技能以及 STEAM（科学、技术、工程、艺术与数学）素养，结合适当的形式为学生介绍国际合作和环境保护等科学素质培养的相关主题，锻炼学生的科学思维能力、身体素质以及团队的合作精神。

在未来宇航员计划中，每一周的课时都具备特定的培养目标。例如第 1 周致力于培养学生的兴趣和信心，让学生了解宇航员的职业并且发自内心地喜欢这个职业，发现和发展实现人生目标所需要的激情和动力；第 2 周则主要为知识普及，通过培训锻炼学生作为宇航员的身体素质，了解太阳系的规模以具备相应的天文学知识，学会使用基本科学术语，为成为宇航员探索太空奠定进一步的基础；第 3 周为身体素质培养，了解探索星球的概念并学习导航的基础知识，同时通过体育锻炼强化体格，培养学生的创造力与敏捷性；第 4 周则开始进入团队合作的旅程，了解有关运输和火箭的知识，模拟参与探索导致火箭起飞的力的作用，知道沟通、责任的意义，明确成为值得信赖的团队成员的重要性……而在最后的第 12 周，学生将有机会在社区中进行展示与交流，通过与其他学生和成年人的讨论互动，完善自己的想法，将知识尽可能地应用到生活当中。

在芬兰，私立的教育机构和合作组织参与学生培养，是其教育市场的一个细化的分支。很多娱乐机构如愤怒的小鸟合作创立人芬爱公司（Fun Academy），也会致力于设计、组织、帮助学生实施参与有趣的、快乐的科学素质培养活动。这些私立的教育机构通常会与学校、社区或家庭合作办学，将项目投放到不同的正式或非正式教育场所当中，致力于从多方面、多角度全面提升学生的科学素质水平。

通过上述皮尔克公司的例子，很容易发现芬兰青少年科学素质培养中的一个重要特点，就是强调科学学习的"趣味性"，这一点在前面不同模块中都多有提及，可见趣味性事实上是芬兰科学教育当中一个普遍的、重要的特征。芬兰在青少年科学素质培养上，不去过分地追求成绩和名次，也不为学生制造太多的压力和竞争。他们希望学生都可以在充满兴趣的情况下，自愿地、快乐地探索科学的价值。

此外，除教育经费的高投入、对学生学习兴趣和主动性的追求外，芬兰本国还有一个显著的特征即其对职业的认同感。芬兰作为一个国民幸福指数高、社会福利待遇良好的国家，民众更乐于享受生活而不是追求金钱与物质。在这样的背景下，芬兰教师对于职业的认同感极高，爱岗敬业成为他们真正发自内心的价值体现。而教师力量作为青少年学生科学素质发展的重要保障，在这里也必然起到了相当重要的作用。也许从某些角度上来看，上述内容都是促成芬兰科学教育取得成功的关键点。

第三节 美国

美国作为教育高度发达的国家，凭借着自身先进的科学教育研究成果，不断引领国际科学教育的发展方向。特别是在回顾科学素质概念的发展过程中，美国研究者们做出了无可替代的重要贡献。作为最早一批提出提升学生在科学技术和工程学上的兴趣，吸引并鼓励学生更多参与到未来相关工作当中的国家，美国在其他国家或地区的政策制定和课程规划中起到了优秀的表率作用。作为一个民族高度融合、文化高度多样性的超级大国，美国在漫长的教育发展史中衍生出适合本国学生发展的特点。以下内容从四个方面对美国青少年科学素质培养情况进行概览。

一 课程标准与政策文件对科学素质的要求

美国原为印第安人居住地，18 世纪英国建立殖民地后，经由独立战争正式建国，是一个地域辽阔的移民国家，也是经济高度发达的国家，并在苏联解体后成为全球的超级大国，无论是经济、工业还是科技等领域都处于全球领先的地位。美国除首都所在华盛顿哥伦比亚特区（Washington D. C.）外，全国共有 50 个州，作为联邦制国家，各州享有较大的自治权。在教育方面，美国的中小学教育由各州教育委员会和地方政府分别管理，其中多数州实行中小学义务教育。美国是一个教育高度发达的国家，国内有数量众多的全球顶尖学府，每年都会吸引大量来自全球各地的学生留学访问。而作为一个多民族融合的国家，美国又被称为"民族熔炉"，这一文化和社会的多元化背景，也为特色科学教育的开展奠定了基础。

事实上，对于科学素质（Scientific Literacy）定义的追溯最早也与美国教育研究者的工作密不可分。1952 年柯南特（Conant）提出科学素质的概念后，其定义经历半个多世纪的时间不断发展演变。美国作为其中的领军角色，在这一领域的研究工作上投入了大量的时间与精力。美国的多位学者针对"科学素质"一词提出了较明确的、可落实的定义，可以说，美国算得上是科学素质概念发源与发展的重要国家。在这样的背景下，美国的科学教育充分涵盖了科学素质的培养要求，通过培养学生熟练的提问能力，开发和使用模型，分析和解释数据，构建解释模型和设计解决方案以及进行辩论的能力等，以促进学生对于科学的学习。此外，国家还通过实践让各个学科相结合，强调跨学科概念，培养学生的综合能力来展示对科学核心概念的理解，提高学生的科学素质。

2013 年，美国国家研究委员会（National Research Council，NRC）、国家科学教师协会（National Science Teachers Association，NSTA）、美国科学促进协会（American Association for the Advancement of Science，AAAS）等几大机构联合众多科学教育公司及研究者颁布了《下一代科学教育标准》（*Next Generation Science Standards*，NGSS），对全国乃至全球范围内的科学教育产生了极大的影响。NGSS 包含了学科核心概念、跨学科概念和科学与工程学实践三大部分（见图 2 - 1），主要以对学生的预期表现的形式呈现。这三个模块的内容分别指向学生理解各个科学学科的知识和概念、掌握科学领域通用的一般思维意识与方法策略，以及将科学与工程学结合，注重在现实中的实践。结合这三个模块来看，NGSS 当中的要求与科学素质的目标指向是有一定的相似性的。

图 2 - 1　美国 NGSS 的三大部分

具体到各个学龄段来看，小学阶段包含了物理科学、生命科学、地球与空间科学以及工程、技术和科学应用的内容，希望学生能够认识模型并给出有关周围世界问题的答案。到五年级结束时，学生应当能够证明自己在收集、描述和使用有关自然世界的信息方面的能力。初中及高中物理科学、生命科学、地球与宇宙科学部分要求学生将核心概念与科学和工程实践以及贯穿各领域的概念相结合，以支持学生发展知识来解释整个科学学科的概念。工程学设计部分初中阶段要求学生能更准确地定义问题，经历更深入的选择最佳解决方案的过程，优化最终的设计，高中阶段学生被期望参与到科学、技术、社会和环境层面的重大全球性问题，并融入各种分析和战略思维。

从上述不同学段的要求中大致可以看出，美国在与学生科学素质培养相关的一些目标设置上遵循了学习进阶的基本模式，即在大方向一致的要求下，对不同年级的学生提出不同的要求。例如先要求学生掌握核心概念，再要求学生解决生活中的问题，最后要求学生面对社会和环境进行决策。

NGSS 的制定是以美国在 2011 年发布的《K - 12 科学教育框架：实践、跨学科概念与核心概念》（*A Framework for K - 12 Science Education：Practices，Crosscutting Concepts and Core Ideas*）（以下简称《框架》）为基础展开的。而《框架》则直接指明了科学素质的链条是如何引导框架不同维度的设计的（见表 2 - 11）。可见科学素质在美国标准文件的制定中起到了非常关键的作用。

表 2 - 11　科学素质链指导框架各个维度的设计

科学融入教学	框架维度	框架如何设计来实现科学素质链
了解、利用解释自然世界的科学解释	学科核心理念跨学科概念	• 明确大概念而不是事实列表。框架中的核心概念是强大的解释性概念，是帮助学习者解释自然界的重要方面 • 科学中的许多重要概念都是跨学科的，学习者应该在多种科学语境中识别并使用这些解释性的概念
产生和评估科学证据和解释，有效地参与科学实践和论述	实践	• 学习是知识和实践的结合，而不是单独的内容和过程。表述将核心概念与实践相结合，这些实践包括生成和使用证据的方法，以细化和应用科学解释构建科学现象的描述。学生通过参与这些知识建设实践来做出解释，进行关于世界的科学决策，从而学习并展示对核心概念的熟练掌握

续表

科学融入教学	框架维度	框架如何设计来实现科学素质链
理解科学知识的本质和发展	实践 跨学科概念	•实践被定义为对学科实践的有意义的参与,而不是死记硬背的过程。实践是有意义的实践,学习者在其中致力于构建、精炼和应用科学知识以理解世界,而不是模式化的"科学方法"。参与实践需要理解为什么科学实践是这样的——什么是好的解释,什么是科学证据,它与其他形式的证据有何不同,等等。这些理解体现在实践的本质以及指导实践的科学知识是如何发展的跨学科概念中

美国的科学素质培养循序渐进,它要求青少年能够提出与自己的兴趣有关的科学问题,进行调查并寻找相关的科学论据和数据,对这些论据进行审查并将其应用于当前的情况,学习实践注重理论和实际的结合,并向他人传达他们的科学理解和论据。《框架》提出,提升全民科学素质是一个值得关注的重要科学目标,值得国家投入资源给予持续的关注,并针对学生在达到一定年级时应该知道和能够做到的事情给出了建议。表2-12对比呈现了美国小学及中学科学课程对培养学生科学素质的不同要求。

表2-12　美国各年级科学素质课程要求

小学科学	中学科学
•认识模式并提出有关周围世界问题的答案,应用实践展示对核心概念的理解 •具备收集、描述和使用有关自然世界的信息方面适合的能力 •将特定的实践与学科核心概念相结合,教学决策应包括对导致表现期望的许多实践的使用 •对模型的设计使用、提问、数据收集分析和解释、信息评估和交流等能力的不同需求和要求	•核心概念与科学和工程实践以及贯穿各领域的概念相结合,支持学生理解知识及几种科学实践 •开发和使用模型,计划和进行调查,分析和解释数据,使用数学和计算思想以及构建解释,使用这些实践展示对核心概念的理解 •不仅应将特定的实践与学科核心概念结合,而且教学决策应包括对导致表现期望的许多实践的使用

由表2-12可以看出,在遵循进阶规律的基础上,美国的科学素质教育在小学和中学具有连贯性的特点,基本上做到了后者延续前者的基本要求,

并在此基础上拓展和深化目标要求，注重开发其中的某几种能力。这种连贯性和延续性有利于帮助学生及教师明确未来学习方向，从而更好地实现学生科学素质水平稳步提升。

美国教育部门认为，当下国内青少年正面临一个复杂多变的世界，在这个世界中想要作为公民参与到经济、社会、政治、文化等各个生活领域中，就需要加深对科学的理解。科学教育的主要目标应该是为所有学生提供背景和环境，以便他们能够系统地调查参与与他们个人和社区各类事项有关的问题。同时也希望通过这样的教育让学生发现自己感兴趣的方向，在未来更多地从事与科技工程相关的职业。

除上述标准文件外，美国的 2061 计划也针对青少年提出了相关的要求。AAAS《2061 计划：面向全体美国人的科学》（*Project 2061：Science for All Americans*）以及《科学素养的基准》（*Benchmarks for Science Literacy*）提出，应促进学生在科学、数学和技术领域的能力发展，帮助学生理解核心科学概念，发展学生的科学素质、跨学科多领域交互能力等。计划希望帮助学生过上有趣、负责任和富有成效的生活。美国 2061 计划和科学素养基准的结合要求人们具有理解能力和思维习惯，掌握并了解自然界和人类社会的工作方式，进行批判性的思考和独立的认识，权衡事件的解决方法，并明智地处理涉及证据、数字、模式、逻辑论证和不确定性的问题。而上述要求都与科学素质的要求紧密相关。

《科学素养的基准》认为，课程改革应当由对学生的希望所引领，由他们成年后获得的成就知识和愿景所决定。因此不应过度重视依靠短期记忆来记住术语，阻碍学生对知识的真正理解。教师在教学中应当明确，尽管对于知识的理解和实践目标可以分开描述，但它们应该在不同背景下一起学习，在校外生活中一起使用。同理，科学、数学和技术学习的共同核心应该集中在科学素质上，而不是对每个独立学科的理解上，此外还应包括科学、数学和技术之间的联系，以及这些领域与艺术、人文和职业之间的联系。上述内容分别对应了科学素质四个方面的不同要求，可以说青少年科学素质培养在美国的标准文件中具有相当重要的地位。美国教育界指出，重大而持久的改

青少年科学素质培养实践研究

革必须是全面而长期的。而这些愿景的实现，总是与社会发展进步密不可分的。

二　科学素质发展项目

美国是 PISA 发起者国际经济合作与发展组织（OECD）的早期签署国，同时是发起 TIMSS 的国际教育成就评价协会（IEA）所在国。从这一点来看，美国对青少年科学素质的测评工作投入了较多的精力，也体现了美国在这一方面的重视。依照国家政策和相关学者的研究成果，美国也参与了上述国际测评项目，同时开展了很多青少年科学素质培养项目。

从 PISA、TIMSS 等大型测评项目的评估成绩与评价结果可知，美国 PISA 排名近年来没有太大的变化，甚至与前些年相比略微有所下降。在 PISA 中，美国学生的科学学科平均成绩在 2000 年排第 14 名，2003 年排第 29 名，2006 年排第 22 名，2009 年排第 23 名，2012 年排第 28 名，2015 年排第 25 名。在测试四年级和八年级学生的科学学业成绩的 TIMSS（1999 年只测试了八年级学生成绩）当中，历年科学学科平均成绩为：1995 年四年级组排第 3 名，八年级组排第 12 名；1999 年八年级组排第 18 名；2003 年四年级组排第 6 名，八年级组排第 9 名；2007 年四年级组排第 8 名，八年级组排第 11 名；2011 年四年级组排第 7 名，八年级组排第 10 名；2015 年四年级组排第 10 名，八年级组排第 11 名。整体来看，美国的成绩相对稳定，但在国际上排名表现并不突出。除 PISA 及 TIMSS 外，美国也参加了国际科学奥林匹克竞赛，成绩表现如表 2 - 13 所示。

表 2 - 13　美国国际科学奥林匹克竞赛成绩

竞赛科目	成绩表现
国际生物奥林匹克 （The International Biology Olympiad）	2015 年 4 金；2016 年 3 金 1 银； 2017 年 4 金；2019 年 2 金 2 银

竞赛科目	成绩表现
国际物理奥林匹克 （The International Physics Olympiad）	2015 年 4 金 1 银；2016 年 2 金 3 银； 2017 年 3 金 2 银；2018 年 3 金 2 银； 2019 年 2 金 3 银
国际化学奥林匹克 （The International Chemistry Olympiad）	2014 年 4 优秀；2016 年 1 铜； 2017 年 2 铜；2018 年 4 优秀

美国在这些测评和竞赛中的表现是比较平稳的，可以认为其国内科学素质培养工作的模式基本趋于稳定。除 PISA 与 TIMSS 外，美国还有一些科学领域的其他评估项目，其中就有美国国家教育进步评估（NAEP）。NAEP 是唯一一个针对美国学生在全国、各州和一些城市或地区的各种学科中所知和所能做的事情的评估。自 1969 年以来，美国教育促进会一直提供有关学生学习成绩的重要信息。NAEP 是国会授权的项目，由美国教育部国家教育统计中心（NCES）和教育科学研究所（IES）管理。

NAEP 使用了全国有代表性的学生样本，报告的结果也是针对具有相似特征的学生群体（如性别、种族和民族、学校所在地）而不是针对个别学生。其中 NAEP 科学评估旨在衡量学生在地球和空间科学、物理科学和生命科学领域的知识和能力，最近的一次科学评估是在 2015 年针对大约 115400 名 4 年级学生、110900 名 8 年级学生和 11000 名 12 年级学生进行的。2015 年研究结果显示，2009 年至 2015 年，全国 4 年级和 8 年级学生的 NAEP 科学平均成绩都提高了 4 分，但 12 年级没有显著变化。与 2009 年相比，2015 年大部分 4 年级和 8 年级学生的成绩都有所提高，但 12 年级的成绩没有显著差异。在 4 年级和 8 年级中，黑人和西班牙裔学生比白人学生取得了更大的进步。与 2009 年相比，2015 年 4 年级和 8 年级学生在三个科学内容领域（物理科学、生命科学、地球和空间科学）的得分都更高，而 12 年级学生在内容领域的得分没有显著变化。

从上述测评中可以发现美国在科学素质培养上的一个特点，就是注重学生发展的公平性。作为人口大国，美国非常关注每一位学生整体的发展水平，特别是关注不同性别、种族、地域学生之间的表现情况。而这对于同样人口众多、幅员辽阔的我国来说也具有一定的借鉴意义。当然除上述测评外，美国也组织了数量众多的其他科学素质测评与发展项目，以其中部分影响力较大的例子进行简单说明（见表2-14）。

表2-14　美国组织的其他科学素质测试项目

名称	主要介绍
科学天才探索 （Regeneron Science Talent Search）	RSTS是美国历史最悠久、最负盛名的高中生科学与数学竞赛。科学天才探索竞赛中的很多选手为科学发展做出了非凡的贡献，囊括了包括诺贝尔奖和国家科学奖章等在内的100多个科学与数学荣誉。每年大约有2000名学生参与RSTS竞赛，提交重要的科学研究领域原创研究成果
西门子数学与科学技术竞赛 （The Siemens Competition in Math, Science and Technology）	西门子基金会于1999年创办了西门子数学与科学技术竞赛。这项比赛是全国最重要的高中生科学研究竞赛之一，旨在通过鼓励学生承担个人或团队的研究项目来提高科学成绩。它希望学生在科学领域进行深入研究，提高对科学研究价值的理解，并吸引学生考虑未来从事相关职业
未来建模挑战赛 （Modeling the Future Challenge）	未来建模挑战赛是针对高中生的真实世界建模和数据分析竞赛。为在竞争中胜出，学生需要对现实世界的数据进行分析，以预测未来的发展趋势并提出建议以帮助减轻风险。该挑战赛能够充分发展学生的批判性思维、推理以及分析能力
初中科学人文研讨会 （Junior Science and Humanities Symposium）	JSHS旨在吸引9～12年级学生参与STEM学习。学生通过向评审团和同伴展示研究成果来获取大众的认可。JSHS与国防研究部门合作，并与全国各大院校一同进行管理。JSHS旨在支持并帮助学生做好成为未来的科学家和工程师的准备，代表或直接为国防部、联邦研究实验室进行STEM研究，为促进国家科学技术进步做出更大贡献
肯塔基州州长杯 （Kentucky Governor's Cup）	肯塔基州州长杯成立于1986年，目的是促进、奖励和表彰杰出的青少年学术成就。超过1/4的学生都会参与该活动，现已成为肯塔基州的首要学术活动，其中包括科学、数学、社会研究、未来问题解决等8项赛事，是一项屡获殊荣的创造性思维竞赛

续表

名称	主要介绍
国家"科学碗" (National Science Bowl-US Dept of Energy)	由美国能源部举办的国家"科学碗"是一项全国性的学术竞赛,旨在了解学生在科学和数学各个领域的知识掌握情况。来自不同背景的初高中学生团队以快节奏的问答形式对峙,接受包括生物学、化学、地球科学、物理学、能源和数学在内的一系列科学学科的测试
国家科学联盟竞赛 (National Science League)	国家科学联盟竞赛是一项了解青少年科学知识掌握情况的赛事活动,其中包括按年级划分的赛事,也包括按学科划分的生命科学、物理科学、地球科学、化学和两个常规科学竞赛。构成每个竞赛的题目大多基于事实知识以及学生对科学过程的理解
野外项目生态学家奖 (Nicodemus Wilderness Project Apprentice Ecologist Awards)	自1999年起,由美国EPA认可的野外项目生态学家奖吸引了成千上万来自世界各地的青年参与。野外项目生态学家奖的目标是鼓励青少年参与环境保护项目,使他们成为领导角色重建社区环境,通过教育和行动改善当地居民及野生动植物的生活条件。要获得生态学家奖,学生需参与环境管理项目,进行摄影和项目意义的论文撰写等
斯德哥尔摩青年水奖 (Stockholm Junior Water Prize)	斯德哥尔摩青年水奖每年都吸引了来自世界各地30多个国家或地区的富有想象力的年轻人,激发他们对水资源和可持续性问题的持续兴趣。竞赛每年都会收到上万件作品,让学生参与到与水有关的科学项目当中。这些项目会从地方或地区级别开始,然后发展到全国竞赛

　　尽管表2-14仅列出部分在美国国内甚至全球范围内影响力较大的科学素质竞赛活动及项目,但其信息量已非常丰富。这些种类多元、覆盖面广的活动信息都相对公开,方便全球的参与者和研究者查阅借鉴。从这些美国组织的测试项目来看,主要的方向为个人或团队参与的多种形式的科学竞赛,如纸笔测试、研究项目展示、访问研究性实验室、研讨会等,内容涵盖面广阔,涉及神经科学、工程学、农学、可持续发展等内容,在测试学生的技能和知识的同时达到提升科学素质的目的。

　　此外,美国还组织了一些其他的青少年科学素质培养项目,其中包括AAAS组织的STEM志愿者计划,以及史密森尼科学教育中心开发的史密森尼课堂科学计划。STEM 志愿者计划主要以面向科学、工程、数学和医学界招募志愿者的形式来辅助教师的科学教学展开，从而支持 K－12 年级 STEM教育发展，培养学生的 STEM 素质，并激励学生在未来更多地从事与 STEM相关的职业。而史密森尼课堂科学计划则是教师和技术专家努力合作开发的一项全新的、完全集成化的 STEM 教学课程，通过连贯的故事情节使学生参与基于现象的学习，并直接将学生与他们周围的世界联系起来。由此也可以看到，基于 STEM 教育来提升学生科学素质水平，是美国科学教育的另一特征。

三 非正式教育组织信息

相比于在各类测评中的国际排名情况，美国在一些非正式教育组织的建构和活动设计上则有更加不凡的表现。借助地域和学生情况的多样性，很多非政府组织和企业纷纷加入了青少年科学素质培养工作中。在这个过程中，美国更注重理论知识和实践相结合，非正式教育组织机构和教育中心一起研发组织各种项目活动，开放实验室组织安排实验内容；策划表演，从多种感官上刺激学生的学习能力，激发创造性等。而这些活动能够适用于学习能力不同、学习侧重不同的青少年，在学与玩中更好地掌握知识，激发学习自主性和创造性。这些非正式教育组织机构为学生提供了更多的学习机会、更丰富多彩的学习环境、更新颖的学习方式，做到了真正学以致用、有教无类。

由于美国的州政府较多，各地又分别建立了本州的大量非正式教育机构，因此在这一模块中仅选择其中几个典型代表进行说明。在科技馆部分，主要选择了加利福尼亚科学中心（California Science Center）和教育活动中心（The Active Education Center）。加州科学中心通过结合科学中心学校、科学学习中心和教师专业发展项目，为科学学习提供了一种创新的模式。科学中心致力于通过激发青少年的好奇心，创建有趣的、令人难忘的经历来帮助每位学生学习科学，了解世界的包容性，丰富他们的日常生活。中心每年362 天面向公众开放，分设各种展区、沉浸式体验中心以及生态模拟画廊，并经常举办国际巡回展。此外，中心还创设了探索室来吸引具备一定科学知识的青少年进行动手探究活动。这些特别设计的空间通过注重实践学习体验，使科学更容易为年轻的学习者所接受。

美国教育活动中心位于梅里马克山谷基督教青年会的北安多弗分部，其机构也是教育活动科学项目的国家测试中心。该活动中心的一大特征是充分利用了现代化的信息技术手段与资源。通过先进的智能手机、平板电脑和科学应用程序中获取的具有吸引力的图像，为青少年儿童提供参与有意义、有组织的游戏的机会。除了用于定期的科学编程活动外，教育活动中心还会参与一些用于开展科学教育的新课程和其他应用程序开发。在教育活动中心进行试点测试的技术随后会交付给全国其他中心使用。除上述两个代表性科技馆外，美国国内还有数量众多的博物馆，这些场馆不仅承担着展览和收藏的本职工作，更是扩展参与了能够让学生亲自动手实践的各类科学素质培养活动。表 2 - 15 简要呈现了美国境内几家典型博物馆的信息。

表 2 - 15　美国部分博物馆信息简介

组织	简介
芝加哥科学与工业博物馆（The Museum of Science and Industry, Chicago）	芝加哥科学与工业博物馆是世界上最大的科学博物馆之一，拥有超过 40 万平方英尺的展区，旨在激发学生的科学探究和创造力。虽然名为博物馆，但内设活动非常丰富，举办了大量科学素质培养活动。例如鼓励学生发展科学技术领域潜力的"欢迎参加科学计划"，让学生参与实作学习的"实地考察旅行"，发展学生科学技术兴趣准备职业生涯的"青少年科学计划"，以及由家庭实验室、工厂等合作的"创意创新计划"等，全方位帮助青少年参与科学、体验科学，提升科学素质
科学博物馆（Museum of Science）	科学博物馆是美国一家综合具备全面战略考虑和基础设施的博物馆，可在全国范围内培养青少年的科学素质。通过与国家技术素养中心（NCTL）合作，博物馆基于 K - 12 课程标准进行改革，创建了很多技术展览和活动计划，并将工程学作为新学科进行了整合。21 世纪的课程必须包括人类参与下的世界，设计 K - 12 工程学材料能够为教育工作者提供专业发展的机会，提高学生的科技素养。中心还设计了很多实地考察活动帮助学生体验科学

续表

组织	简介
探索博物馆 （Discovery Museum）	教育工作者相信青少年儿童具有胜任不可思议事情的潜力,探索博物馆的工作正是培养这种青少年在科技方面的能力,支持学生健康发展。探索博物馆的工作旨在培养学生的乐趣,让学生体验学习的快乐,抵消影响青少年生活的负面影响。教育缩短了学生童年娱乐的时间,过度的学习安排和测试评价牺牲了学生大量参加户外体验的时间,让他们没有太多机会与家庭一起参与科学实践。探索博物馆正是基于这样的考量,致力于给学生体验室外科学活动的机会,专注于发展有助于孩子成功的各种技能,通过探索和实验来增强青少年的毅力和韧性

在非正式教育组织机构部分,美国还具有的一个主要特点是国内存在大量具有国际影响力的、参与学生科学教育规划与改革的其他相关机构及职能部门,例如前文中提到的美国国家研究委员会（NRC）、国家科学教师协会（NSTA）、美国科学促进协会（AAAS）等。这些职能部门主要面向学生及教师承担国家大型的诸如课程标准修订、课程改革以及教师专业发展等重要工作。除这些机构外,美国还有一些其他的代表性组织,致力于提升公众对于科学和技术的认识。

例如美国国家科学院（National Academy of Sciences，NAS）是一个由杰出学者组成的私立的非营利性的协会代表。NAS成员由全国科学家同行共同选举产生,为国家提供有关科学技术问题的独立客观建议,同时也长期致力于推动美国的科学发展。该机构非常重视在教育研究方向上的投入,帮助学生培养科学素质、认可知识的重要地位,以期在全国范围内提高公民对科学、技术、工程以及医学的认识。此外还有史密森科学教育中心（Smithsonian Science Education Center，SSEC）,又称国家科学资源中心（National Science Resources Center，NSRC）作为科学教育改革单位,以反映改革和改善学生科学学习及教育为目标,致力于为所有学生建立有效的科学学习项目。为实现这一目标,SSEC在州和地区树立了对P-12科学教育改革的认识,开展了支持P-12教师专业成长项目,从事研究和课程开发。这些活动和目标有助于改善美国和世界各地的科学教学与学习现状。史密森科学教育中心已经影响了美国各个州及其他国家学校的系统需求，并在 25 个国家教育部通过了领导和协助科学教育改革模型，为提高学生的科学学习效果贡献了重要力量。

从美国这些数量巨大、规模多样化的非正式教育组织机构信息中，可以发现美国很多的本土活动设置都侧重于 STEM 教育与学生学习兴趣的提升，这与美国的科学教育政策和目标设置保持了高度的连贯性、一致性。很多组织和机构都致力于提高公众对科学的认识，通过设置有效的科学项目来改善学生的科学学习与教师的教学效果。这些与科学素质相关的活动内容形式多样，在开拓学生的科学知识范围，理解科学概念的基础上，还能够让学生认识到科学技术、发明创新在生活中的重要性。这种目标指向学生的未来发展，希望鼓励更多的学生在工作生涯中多选择与 STEM 相关的职业。青少年是一个国家未来发展的希望，也是国家未来的主人。这种科学教育考量既是美国的教育特色，也是美国促进科学技术发展、提高综合竞争力的重要铺垫。

四 学校及团体的科学素质实施案例

学校与团体案例部分以全美久负盛名的寄宿制高中菲利普斯安多佛中学（Phillips Academy Andover）为例进行说明。该中学创立于 1778 年，其成立时间几乎与美国同龄，是美国运营至今的最古老、最优秀的中学之一，也是美国"小常春藤"十校联盟之一。该校学生的名校录取率极高，被誉为"哈佛耶鲁预科班"，200 余年来为全国各行各业培养了大量精英人才，其中美国总统老布什与小布什均为本校校友。美国《教育周刊》指出，该校并不仅仅关注学生的成绩，更是在学生准备大学生活期间，帮助学生塑造健全的人格，促进学生的全面发展。

菲利普斯安多佛中学的师生比高达 1:5，这在师资上确保了每一名学生都能得到教师的充分关注。虽然只是一所高中，但其校内的各类学术资源、科研项目非常多，同时开展了野外探索活动等实践项目，充分满足了学生探索自然、探索科学的发展需求。学校占地面积非常广，为帮助学生提高科学素质水平，还在校内建设了一个名为盖尔布（Gleb）的科学中心。

该科学中心是一个高三层、包含很多现代实验室和教室空间的建筑，其中很多设备和数字集成都达到了大学水平。盖尔布科学中心配备有地震仪、水族箱、爬行动物与鸟类学收藏展厅等，在其屋顶上还配备了一个带有研究级望远镜的天文台圆顶，用于学生开展天文学发现活动，进行天体观测。天文台圆顶于 2004 年安装，可旋转 360 度，并配有一台由计算机控制的 DFM 16 英寸施密特－卡塞格伦反射镜，另外两架望远镜也都搭载在 DFM 上。天文台配有一台光谱仪和一台 SBIG 大幅面 CCD 相机，并配有全套的光度滤镜，提供了白天出色的阳光视野和宽广的夜间视野，在设备搭建上可谓投入极高。

除天文台外，盖尔布科学中心还配备了分子生物学研究室。"做科学"一直是安多佛科学计划的首要目标，经验学习的这一原则也指导着分子生物学研究的计划。从有关在专业实验室中广泛使用的模型系统和技术的说明开始，参加项目活动的学生能够着手开展自己选择的独立研究项目。在设计实验时，学生通常会与美国或国外其他机构的专业科学家建立积极的合作关系，获得尖端试剂和专业知识。在过去的几年中，学生的研究主题覆盖广泛，从"特定基因在脑癌细胞的增殖和迁移中所扮演的角色""促进线虫中运动神经元成功再生的基因控制"，再到"新型基因靶向策略在细菌中产生'人源化'蛋白质"等，很多都超过了同龄高中学生应掌握的一般科学技能。实验室空间为学生提供了丰富的资源，包括哺乳动物组织培养区以及多种分子生物学试剂和设备。项目最终以科学论文的形式呈现，而参与项目的学生可以在 PA 社区中进行演讲，介绍自己的项目。

菲利普斯安多佛中学配备的这些天文台和科学实验室让学生有机会亲自动手设计、独立开展自己的科研项目。除设立盖尔布科学中心，为学生提供科研必要的硬件设施外，该学校还致力于有色人种能力和自信培养的教育推广计划，促进 STEM 领域的多样性发展。其中一个历史非常悠久的教育推广典型项目为（MS）2。该项目为一个长达三个夏天的住宿项目，让学生接触到具有不同背景、生活经历和抱负的同龄人和教育工作者。

首先，（MS）2 学者将与世界各地 500 多名暑期学生一起在安多佛校园中生活。校园分为 5 个住宅区，它们被称为集群，让每一位参与者都能产生浓厚的归属感。每个小组规模从 5 到 45 名学生不等，由辅导员统一负责。在这种归属感之上，学校会将新的（MS）2 学者与回国学者进行配对。这个"兄长"一般的学者会充当导师的角色，解答学生在科学学习中遇到的各类问题，为他们提供建议，并一起用餐、一起生活。（MS）2 的活动是严谨而又充满乐趣的——它旨在帮助这些学生获得更多的科学知识，熟练地应对社交生活，变得独立而自信，能够更好地应对未来的生活和社会。该项目还设置了完备的教学评价环节，为学生提供不同层次的、丰富的科学水平评估。

菲利普斯安多佛中学既是美国中学的突出代表，也是美国学校的缩影。在美国，针对课堂的安排并没有严格的规定。各级州政府可以选择指定本州的课程标准和文件，各大出版商也可发行不同版本的科学教材供教师自行选择使用。而教师在课堂中可以有自己的计划安排，依照学生的不同学习水平和表现调整授课内容与进度，各个学校通常也会形成自己的办学特色，有自己对学生科学素质发展的理解和规划。

通过菲利普斯安多佛中学的例子以及上述内容分析，可以明确感受到美国作为超级大国，在青少年科学素质培养上的历史悠久、研究充分、计划翔实，并且取得了非常令人瞩目的成果。尽管如此，美国依旧没有停止不断推动教育革新发展的脚步，近年来不断提出工程学融合、STEM 教育等一系列未来科学教育发展的新方向。特别是以学生未来职业规划为导向，以及关注每一名学生在发展上的全面性和公平性，是美国在学生科学素质培养中体现的突出特点，也是国际上一些幅员辽阔的大国值得借鉴的地方。

第四节　加拿大

加拿大拥有以严谨著称的优秀教育体系，其科学教育水平也位居世界前列。加拿大一直十分注重科学教育以及青少年科学素质的提升工作，近年来在这一方向上取得了长足的发展，在 PISA 和 TIMSS 等国际测评中一直名列前茅。同时，随着课程标准和政策文件对科学素质要求的不断深入细化，加拿大的众多校外科学教育机构诸如科技博物馆、农业和食品博物馆、航空航天博物馆等，在开展具体的科学活动方面也提供了很多支持。除此之外，加拿大核安全委员会、渔业和海洋部门等相关政府机构也对促进青少年科学素质发展起到了重要的辅助作用。

从国家政策的制定，到科学活动实施，再到科学素质测评，加拿大都积累了丰富的经验，其中很多活动案例都以非常具体的呈现方式面向全球开放，因此加拿大在科学素质培养方面是十分值得借鉴的国家之一。在以下内容当中，案例将按照分析框架的设计，从课程标准与政策文件、科学素质发展项目、非正式教育组织信息以及学校及团体的科学素质实施案例四个方面来分析说明。

一　课程标准与政策文件对科学素质的要求

加拿大位于北美洲的最北端，是世界领土面积第二大国。作为原土著人居住地，加拿大于 18 世纪曾受英国殖民，并于 19 世纪成为英国的自治领，其一系列政治制度历史上受到了英国一定程度的影响。现今的加拿大作为经济高度发达的联邦制国家，各个省级区划在课程标准修订、教材选择等教育决策上具有较大权利。联邦政府不设专门机构进行统管，因此教育管理权归省级政府所有。各省教育经费基本依靠自筹，联邦政府也提供一定的资助。而这一模式也促进了加拿大科学素质教育的多样化发展。

尽管各省政府的教育决策权下放，但加拿大全国对于青少年科学素质培养的重视是非常一致的，这首先可以从机构的设置和国家政策的颁布中体现出来。1966 年加拿大联邦政府首次成立了科学委员会，负责向联邦政府提出科学技术方面的建议。1984 年，加拿大科学委员会发表了题为《面向全体学生的科学：为未来世界培养加拿大公民》（*Science for Every Student*：*Educating Canadians for Tomorrow's World*）的报告，自此加拿大政府进入科学教育改革的过程，加拿大的科学教育重心也落实到培养具有科学素质的学生之上。1997 年，加 拿 大 教 育 部 长 理 事 会（Council of Ministers of Education）颁布了第一份国家 K–12 年级科学教育纲要《科学学习目标公共纲要》（*Common Framework of Science Learning Outcomes*）。而加拿大安大略省的中学科学课程正是教育部门依据这份纲要于 2000 年制定完成的。

在科学教育课程中，加拿大非常关注对青少年科学素质的全面培养和发展。如前文所提到的加拿大联邦制的国家属性，因而国内没有联邦教育部或者类似的教育机构，教育由各省政府负责，全国没有统一的教育制度，学校也大多数是省立的。各省的教育部分别负责本地的教育学习与考试，而 10 省的教育部长组成"加拿大教育部长理事会"，彼此之间存在一定的合作和促进关系。基于以上背景，本案例中不具体列出加拿大所有省的表现情况，主要以《科学学习目标公共纲要》及《科学课程目标》两个文件，对加拿大提出的科学素质相关要求进行简单梳理（见表 2 – 16）。

表 2 – 16　加拿大政策文件中对科学素质的要求

文件	具体要求
《科学学习目标公共纲要》	• 科学素质是一种逐渐形成的、与科学有关的态度、技能和知识的融合。学生需要具备科学素质，培养探究能力、问题解决能力和做出决策的能力，成为终身学习者，维持对周围世界的好奇感 • 科学素质的四个基本方面包括：①科学技术、社会和环境。理解科学本质，了解科学技术所处的社会背景。②技能。拥有探索科技的能力，能够解决问题，与他人合作，做出自己明智的决策。③知识。了解和掌握自然科学知识与概念，同时也要将这些知识应用于实践。④态度。在运用知识时的认真态度，明确社会与环境间的相互作用，能够保护自己
《科学课程目标》	• 培养能够适应社会生活的公民，在科学课程中注重自然与社会以及人文科学的整合，应为学生提供多样化的学习体验，让学生能够综合理解、欣赏、评价、探索科学技术和社会环境间的相互关系 • 应理解科学知识和技术的本质，能够运用所学的知识开展调查研究，提出并解决问题；能够理解科学技术的重要概念和原则，对科学技术抱有积极的态度，并且能够理解科学与经济等之间的联系。学生还应对科学相关职业感兴趣，具备终身学习的能力 • 培养学生对于科学学习的好奇心，鼓励学生运用学到的知识来解决日常生活中遇到的问题，进而提高自己和他人的生活质量。学生应具备批判性的思考能力来处理复杂的科学、社会、伦理道德等问题；了解不同科学学科的知识及其相关的职业，为学生未来从事科技相关职业奠定基础

通过对加拿大的政策文件和课程标准进行梳理分析，可以发现加拿大对科学素质的关注由来已久并逐渐趋于完善。目前加拿大对科学素质

要求的覆盖面涉及小学科学、初中科学、高中各个科学学科及跨学科课程，并且有着较为明确具体的表述。为培养青少年的科学素质，加拿大开发的科学课程已成为一种共识模式，即把科学、技术、社会问题和环境联系在一起，称为 STSE 模式。这种课程模式可以将关注点置于由科学技术进步造成的社会和环境问题之上，使学生能够站在社会的角度上理解科学概念，有助于促进学生运用所学的科学知识来面对和解决现实生活中的问题。

加拿大各省间的学制和标准各有区别，但整体上面向全部加拿大公民实行公立学校的 12 年制义务教育，因此也是全球范围内在教育上经费投入最高的几个国家之一。在加拿大，科学分学科的课程会与科学课程整体并行，以安大略省为例，9～12 年级间既存在面向全体学生开设的科学课，也存在在最后两年内供有需求学生深入学习的物理、化学及生物学课程，而后者的课程难度整体上要高于前者。从小学到高中阶段的科学和分学科课程标准对科学素质的要求，都能够较好地与《科学学习目标公共纲要》进行对应，保持一致。这种一致性便于教师在教以及学生在学的时候可以根据认知发展规律进行进阶式实施，保障了学生在各个认知阶段连贯有序地学习，有助于系统性、持续性地促进学生科学素质的发展。对加拿大各个学段的课程标准中关于科学素质的表述和要求进行简单梳理，可以看到这些要求不仅体现在让学生掌握核心科学概念和原理，而且对科学本质，科学推理，科学、技术与环境，科学探究等方面也有相关表述（见表 2 - 17）。

表 2 - 17　加拿大课程标准中关于科学素质的要求

学龄段	要求
小学科学	●将科学与技术、社会、环境相联系，充分强调科学技术对环境的重要性，将科学课程与科学技术教学更好地匹配 ●发展学生进行科学探究解决问题的技能、策略和思维习惯，重点培养学生的科学素质，让学生具备一定的科技能力并养成良好的科学思维习惯 ●理解与科学技术有关的基本概念，强化概念性知识的掌握

续表

学龄段	要求
低等中学科学	● 以科学技术和社会、知识技能态度为基础形成 STS 框架 ● 关注科学知识的开发和测试过程,理解科学知识的本质,强调使用科学探究的能力 ● 能够通过开发和测试使产品和技术满足特定需求,寻求实际解决问题的方案。结合科学探究技能强调问题解决能力 ● 关注科学技术应用的社会议题和决策过程,强调利用探究服务决策,学生要能收集和分析信息,并考虑各种观点
中学科学	● 强调对科学本质的理解既是科学教育的核心问题,也是科学素质的重要部分。科学的基本目标是认识自然和人文世界。科学是人类获取自然知识的过程,并在过程中形成的有关自然的有组织、有条理的知识体系。科学是探寻、描述和解释自然与人文世界的认知方法 ● 在培养和提高学生科学素质的价值取向下,建立在科学探究本质基础上的科学课程与人格发展的统整;谋求在科学社会文化本质基础上的科学课程与社会发展的统整 ● 强调科学研究技能的培养。掌握科学研究核心技能有利于学科知识的学习,是科学课程的基础与核心。21 世纪科学教育应为学生创造更多机会在实践中学习,使他们熟悉科学研究技能,培养批判性思维,进一步理解科学,在日常生活中应用科学,为今后在科学或其他领域取得成就打下良好基础
中学分科科学学科	● 生物:使学生获得科学和技术的基础知识,了解关注知识在实际生活、现代生产和社会发展中的应用,提高对科学探索的兴趣,学会生物学探究的一般方法,了解与生物学相关的应用领域,为大学学习打下基础,为服务社会做好准备 ● 物理:理解科学概念;发展科学探究所需要的能力、策略和思维习惯;将科学和技术、社会、环境有机结合(STSE) ● 化学:注重学生的科学素质培养,提高劳动能力,为发展高新技术打下基础。帮助学生形成适应和变通的能力,而不仅仅是专业知识的获取;发展学生严谨的思维能力,要求学生掌握广泛的知识、方法及手段,具备严谨的问题分析能力;鼓励学生调查科学知识对生活、社会及环境的影响,培养学生对科学的积极态度;提高学生对科学进取心的重视,发掘自身潜力为科学发展做出贡献

　　课程标准和政策文件作为引领性的内容,为课程教学的具体实施提供了可行的指导。基于加拿大相关政策文件和课程标准中针对学生科学教育所提出的各项要求不难看出,区别于英国、芬兰等欧洲国家,加拿大对于科学素质这一概念进行了明确的使用,其具体要求也较为全面地覆盖到这一概念的不同层面,可见该国在青少年科学素质培养工作上给予了充足的政策保证,这种现行的话语体系对后续相关课程的开展和实施是十分有益的。

二　科学素质发展项目

加拿大在课程标准与政策文件的引领下，积极参与了国际上关于科学素质的测评项目，同时也在国内举办了很多相关的科学竞赛，并设立了若干由政府及民间机构组织举办的活动，从多个层面发展青少年的科学素质。

在 OECD 发起的 PISA 测试中，加拿大的表现一直相对不错，整体成绩领先于 OECD 的平均水平，且各省成绩较为均衡，体现了稳步提升的趋势。在 2009 年 PISA 中，加拿大以 529 分的成绩排名第 8，2012年则以 525 分与列支敦士登并列排第 10 名，到 2015 年，加拿大则再次跻身前 10 强，以 528 分排第 7 名。接近 90% 的加拿大学生科学水平为 2 级以上，而 OECD 的平均数只有 79%，12% 的加拿大学生在科学方面表现最好（5 级及以上），比 OECD 平均水平高出 4 个百分点。而在 IEA 组织的 TIMSS 测评中，早在 1995 年加拿大八年级（13～14 岁）学生就能够达到国际平均水平，四年级（9～10 岁）学生的成绩则显著高于国际平均水平。2007 年，加拿大四省分别独立参加了 TIMSS 的四年级测评，科学学科平均得分 533 分，与排名第 11 名的哈萨克斯坦成绩相同；八年级测评则由三省参加，平均成绩 519 分，与排第 12 名的立陶宛相同。2011 年，加拿大再次派出三省参加了 TIMSS 的测评，其中四年级平均分 528 分，与排第 16 名的丹麦成绩相同，八年级平均成绩 529 分，超过排第 10 名的美国。到 2015 年，加拿大四年级学生成绩 525 分，与塞尔比亚并列第 23 名，八年级平均成绩则为 526 分，排第 13 名。

从上述成绩中可以看出，加拿大学生在科学素质上的表现均能达到或超过国际平均水平，可以说是相对优秀的。此外值得一提的是，加拿大在参与 TIMSS 测评时所派出的三个省份阿尔伯塔省（Alberta）、安大略省（Ontario）以及魁北克省（Quebec）的科学教育表现是不同的。其中以阿尔伯塔省成绩最高，而魁北克省成绩最低，两省学生的平均分差接近 30 分。

若单以阿尔伯塔省的成绩进行排名，则能在全球范围内达到第 5~6 名的水平。可见加拿大在参与此类测评时是综合考虑了不同教育水平的省份情况的，而不仅是派出表现优势的省份来追求排名。这也体现出加拿大幅员辽阔、各省科学教育发展水平不同的现状。除 PISA 及 TIMSS 外，加拿大还连续数年参与了生物、物理、化学三个学科的国际科学奥林匹克竞赛活动（见表 2-18）。

表 2-18　加拿大国际科学奥林匹克竞赛成绩

竞赛科目	成绩表现
国际生物奥林匹克 （The International Biology Olympiad）	2014 年 2 银 2 铜；2015 年 2 银 1 铜； 2016 年 3 银 1 铜；2017 年 2 银 2 铜； 2018 年 3 铜；2019 年 3 铜
国际物理奥林匹克 （The International Physics Olympiad）	2015 年 1 银 2 铜；2016 年 5 铜； 2017 年 1 金 1 银 3 铜；2018 年 4 铜； 2019 年 3 银 1 铜
国际化学奥林匹克 （The International Chemistry Olympiad）	2014 年 2 银 2 铜；2015 年 2 银 2 铜； 2017 年 1 银 1 铜；2018 年 1 银 2 铜

国际上具有权威性的竞赛中的成绩不仅可以体现加拿大青少年科学素质的现状，也能够从侧面证明加拿大政府提出的相关政策和课程标准，以及一些培养青少年科学素质的项目的有效性。除了参与国际测评和竞赛外，加拿大还在本国境内开展了一系列对于培养青少年科学素质具有激励性的科学类竞赛，规模涉及多学科、多地区、多年级的学生，甚至部分活动也欢迎国外的学生一同参与，对于国际学生科学学习的交流，以及提高不同地区和学段青少年科学素质水平益处良多。表 2-19 简要列出了其中部分影响力较大的竞赛项目。

表 2 - 19　加拿大国内部分科学素质相关竞赛项目

竞赛	主要介绍
加拿大滑铁卢牛顿物理竞赛 （Sin Sir Isaac Newton Exam）	加拿大滑铁卢牛顿物理竞赛（SIN）诞生于 1969 年,由滑铁卢大学物理系主办,旨在激发高中生对物理的学习兴趣,每年吸引了国内 300 多所高中的学生参加。近年来,加拿大以外参与的学生人数大幅增长,国际影响力也逐步上升。考试题型新颖,与当下的社会事件相结合,趣味性强,富有挑战性
加拿大化学竞赛 （Canadian Chemistry Contest）	加拿大化学竞赛（CCC）由加拿大化学学会（Chemical Institute of Canada, CIC）主办,是加拿大权威化学竞赛之一。CIC 是全球著名的化学学术机构之一,宗旨是用化学创造现代美好生活,重点关注化学对生态环保、生活健康、经济发展的促进作用。CIC 每年都会举行各种形式的化学竞赛活动,旨在提高公民的科学素质,激发青少年对化学学习的兴趣。这些活动受到各地政府、高等院校、中学及一些非营利性科学组织的广泛支持,为加拿大化学人才的培养做出了积极贡献
虚拟科学竞赛 （Virtual Science Fair）	为推进加拿大中小学生计算机和互联网知识与技术的普及,加拿大虚拟科学公司于 1999 年设立了虚拟科学竞赛（VSF）。VSF 是以科学为主题的全国中小学生网页设计大赛。竞赛旨在推动互联网知识的普及,提高学生对科学知识的兴趣与探索力。每个参赛作品用一个独立网站来表达一个科学主题,参赛者通过网页设计相关技术如声音、图像、文字甚至动画、影像等,将科学问题或主题丰富多彩地表达出来。学生既需要有一定的科学知识,又需要有一定的美学和网页设计知识
米歇尔密斯科学竞赛 （Michael Smith Science Challenge）	米歇尔密斯科学竞赛是专门面向 9～10 年级学生的全国性科学赛事,由英属哥伦比亚大学（UBC）负责承办。该竞赛是为了纪念加拿大诺贝尔化学奖获得者米歇尔密斯（Michael Smith）教授而设立,内容涵盖 9～10 年级在校学习的科学内容,旨在提升学生对于科学知识与概念的理解与科学学习的兴趣
加拿大国际发明创新竞赛 （National Robotics Competition）	加拿大国际发明创新竞赛由多伦多国际创新先进协会主办,是第一个在加拿大举办的国际发明盛会。该盛会吸引了来自世界各国的优秀发明人才,展现他们在发明上的非凡成就,获得当地及国际各产业的支持。该发明竞赛旨在为来自海内外的发明家、研究者以及具有发明天赋的青少年学生提供一个崭新的平台,让他们可以通过这样一个特别的竞赛展现创造力及优秀的发明。竞赛获奖作品会获得协会的网络平台展示机会

　　从列出的加拿大国内部分科学素质培养相关竞赛项目可以看出,这些竞赛涉及科学、物理、化学、生物学、计算机技术等多个领域,并借助了多种

技术、平台和资源，采用了多种形式和途径，在培养学生探究科学的兴趣的同时，也有面向网络平台展示的机会，这对于推广和普及科学素质教育起到了非常广泛的促进作用，同时可以产生很大的社会价值，营造了各方多赢的局面。除国际和国内层面组织的相关竞赛外，加拿大也开展了一些典型的青少年科学素质培养项目，下面以其中的科学素质周活动和科学奥德赛活动为例进行简要的说明。

科学素质周活动（Science Literacy Week）由加拿大图书馆开展，其中的活动内容非常有助于提升青少年的科学素质水平。加拿大图书馆在科学素质周期间会面向各个年龄段的学生开展科学游戏和实验、创客活动、科学资源推荐、展览等不同类型的活动，并充分具备了与时俱进、多方合作等特点。自2014年起，加拿大全国范围内举办的科学素质周活动已经吸引了近200家机构固定参与，其中1/3为图书馆。通过开展虚拟现实体验、编程学习、乐高游戏和3D打印演示等活动，为青少年提供了多种参与科学活动、体验科学乐趣的机会，提升青少年对科学学习的兴趣。在科学素质周期间，场馆也会开展一系列贴合本馆实际需求的科学活动，而这些活动在策划之初便加入了很多创新元素，不仅依靠科学游戏、创客等新型活动吸引公众，同时还会辅以展览、讲座、研讨会、科幻片放映等传统活动类型推陈出新，大大提高青少年的参与热情。

起源于科学素质周又有所创新的科学奥德赛活动在2016年由加拿大政府发起，是加拿大联邦政府科学技术发展举措中的一项，也是全国性科学传播活动。加拿大科学奥德赛活动作为学校优秀科学成果的展示平台，也是其他研究所、社团组织为促进科学发展开展各种活动的场所。科学奥德赛活动从规模、宗旨和内容形式上基本保持了科技周的格局，同时又明显体现出对创新和STEM教育的关注。2016年竞赛举办的口号是"发现与创新的十日"，旨在激发加拿大公众参与理解科学、技术、工程和数学的成果，激发创新灵感。该年的科学奥德赛活动得到阿尔伯塔等10个省的积极响应，并开展了系列线上活动。活动期间，科学奥德赛汇聚了一系列趣味性十足的活动，包括实验室动手操作、科学集市、脱口秀、野外考察、科学家见面会以及各类在线活动，等等。

从该模块可以看出，加拿大在系列大型测评项目和国际科学奥林匹克竞赛中具有较好的表现，而在国内，加拿大举办了形式丰富多样的竞赛和项目，同时也开展了一些极具本国特色的科学活动周，与政府层面对科学素质的要求相匹配。这些活动一方面可以体现学生对科学概念和原理的掌握情况，另一方面也可以展现学生在科学素质中科学思维、科学探究、对科学技术与环境的认识的水平。除此之外，活动在网络资源及现代技术整合应用方面的意识比较突出，这一点对其他国家或地区举办大型科学活动会有很多启发。全国性大型科学活动可以充分利用现代化信息技术，构建集活动前期宣传报名、资料制作与传播、活动数据统计与分析、后期成果发布公开以及开展交流研讨分享活动于一体的网络平台，提升公众服务意识。在现代化技术的支持下，这类全国范围内的大型科学活动非常有利于在社会中营造科学与生活、科学与社会紧密相连的氛围，而这种氛围对于青少年科学素质培养会产生非常突出的影响效果。

三　非正式教育组织信息

在培养和发展青少年科学素质时，需要校内教育和校外非正式教育的双重助力。校外的学习资源可以经由科技馆、博物馆、培训机构等组织的活动来获得，在激发青少年学习科学的兴趣和热情的同时，也能帮助他们将学习到的科学概念和原理应用于社会，解决现实生活中的实际问题，促进科学素质培养效果的真正落地。从加拿大非正式教育机构提供的信息可以看出，加拿大在这一层面为培养青少年科学素质提供了极大的帮助和支持。这其中既包含了加拿大科技馆、自然博物馆、农业博物馆等一些常见的非正式教育场所，同时还涉及了加拿大核安全委员会、渔业和海洋部门等一些其他国家不太常见的政府部门。而这也是该国案例当中的一大特色。在这一部分内容中，笔者将从上述几个机构中分别挑选其实施的代表性活动进行具体说明（见表 2 - 20）。

表 2 - 20 加拿大常见非正式教育机构的科学素质培养活动

活动及举办机构	简介
天文学活动 （加拿大科技馆）	由科技馆提供的天文学活动主要是帮助青少年了解现代天文学技术,探索夜空、地球的日夜和季节性变化,分享夜空奇观。学生可以观察到地球的运动如何影响日常生活、季节变化以及身边的环境。学生可以体验现代天文学的技术工具,了解过去和现在加拿大天文学家的工作如何为世界宇宙知识做出贡献
推动未来活动——交通,能源和环境 （加拿大科技馆）	该活动在探索当代交通和能源问题时将科学技术理论付诸实践,让学生在教室中了解加拿大交通对科学技术、社会和环境的影响。学生在增长知识,探索电力、发动机及可再生资源相关概念的同时,还可以通过有趣的活动探索汽车对加拿大人生活的影响。学生可以看到各种车辆和燃料对环境的影响,明确科技如何应对环境挑战
明智的天气 （加拿大科技馆）	学习温度、降水、气压、温室效应、气候变化和其他常见天气相关的科学知识。学生通过网络及工作单的使用来探索天气、温室效应和气候变化的共同要素,进而提高对全球变暖后果的认识。活动的重点放在了解温室效应如何造成环境破坏,明确每个人都可以为减缓温室气体排放做出贡献
北极探险 （加拿大自然博物馆）	北极探险项目基于加拿大自然博物馆专家和青少年参与者于 2012 年开展的对加拿大东部北极和格陵兰岛的探险活动而设计,其中高清视频、互动式地图、绚丽的风景照片和博客文章大大增添了活动的魅力。活动还包含了来自加拿大自然博物馆北极标本的深入介绍,揭示了与北极有关的生物多样性的发现
创意的蜂蜜 （加拿大农业博物馆）	创意的蜂蜜活动借助虚拟手段,帮助青少年了解蜜蜂在许多加拿大粮食作物授粉过程中的重要作用。学生通过参观展览以及有趣的动画形式电子书,了解不同类型的蜜蜂以及蜜蜂在蜂巢中的生活,体验蜜蜂养殖和植物授粉的过程,或尝试有关蜂蜜的食谱,进行手工艺品的创作等
核教育资源 （加拿大核安全委员会）	借助核教育资源开展相关活动,交流有关核安全的信息,是加拿大核安全委员会（CNSC）的任务之一。加拿大提供了非常多的资源来帮助青少年学习了解核相关知识及监管方式。其中针对学生开展的学习活动形式多样,包括电子游戏、探索 CNSC 测验、与核安全专家交流、观看相关视频、了解加拿大核历史以及关于核科学的一些小故事等
流向大海 （加拿大渔业和海洋部门）	流向大海是由加拿大渔业和海洋部门支持的一个非常成熟的、面向所有学段青少年学生的教育计划。组织者借助相关资源帮助学生成为水生管理者,指导学生作为水生管理者保护当地资源,并成为一名对当地流域感兴趣的活跃公民。教师可以以在线形式或通过与教育协调员联系,来获得小学、初中和高中阶段该活动指向的课程和资源

从上述科技馆、博物馆及其他政府部门所承担实施的科学素质培养活动中可以发现一大特征，加拿大的很多活动都充分融合了本国的当地特色，如借助北极圈地理地貌开展的北极探险活动，以及由于地广人稀而发展出的高度工业化的农业种植业的国情特色，依此开展的蜜蜂授粉知识的介绍等，都有助于学生了解他们所生活的真实世界，熟悉自己国家的特点，这对于科学素质要求中"面向学生生活，成为有责任的社会公民"是大有裨益的。当然，除上述政府搭建的机构平台外，加拿大还有很多其他类型的非正式教育机构一同承担着青少年科学素质培养工作，以下也对其中几个典型代表进行简要的说明。

表 2 - 21　加拿大校外教育机构的科学素质培养活动

活动	简介
一起聊科学（Let's Talk Science）	一起聊科学（LTS）是一个屡获殊荣的加拿大全国性慈善组织，该机构致力于青少年教育活动的开展，支持青少年儿童的发展。LTS 创建并提供了很多独特的学习项目和服务来吸引青年和教育工作者参与到科学、技术、工程和数学（STEM）相关的活动当中
阿克托（Actua）	阿克托通过让青少年参与有趣又易于理解的 STEM 活动，培养他们的科学探究能力及学习信心，为学生成为创新者和领导者做好准备。机构通过全国网络和推广小组机制为青少年提供服务。作为全国性的慈善机构，阿克托组织各类夏令营、俱乐部和社区外展活动来帮助学生提升科学素质，涉及群体达到 25 万人，活动遍及加拿大的每个省和地区
科学家在学校	科学家在学校为青少年"科学家"提供以课程为导向、以 STEM 为重点的课堂研讨活动。机构帮助学生在课堂之外扩展科学学习，为青少年儿童在课外场所、图书馆等地举办社区讲习班。机构的演讲者为学生提供了丰富的学科专业知识、基于发现的学习方法，以及专业的材料和设备，让学生能够参与到动手的实践学习过程中

可以看到，加拿大国内的各种组织机构针对青少年设置了一系列主题多样化、适合各个学龄段学生的丰富多彩、真实有趣的科学素质培养活动和项目。随着社会的进步和发展，校外机构和组织在提高全民科学素质、增强国家文化软实力中承担了越来越多的工作。在加拿大的案例中，各类机构的活动设计方案大多都是高度公开的，方便为其他地区开展相关活动提供资源。

相比于校内教育更侧重青少年对科学概念和原理的理解，校外机构和组织更多的是增强青少年的课外活动体验。这些机构和组织举办的各类科学教育活动是一种在学校正规科学教育的基础之上，更加面向青少年科学素质的全方位提升，培养学生科学思维能力和探究方法，以及对科学学习的兴趣态度和正确价值观的途径，这些借助科技馆、博物馆等场所有目的、有计划开展的活动能够具备充分的实践性与跨学科属性，并且真正做到与学生的生活环境、社区社会相结合，以更为全面的视角提高青少年综合科学素质水平。

四　学校及团体的科学素质实施案例

依据不同省教育部门对于学生培养的不同重点指向，加拿大各省也涌现出很多较为典型的科学教育案例，体现了各方面的政策活动在教学当中的落实情况。在该部分中将以安大略省小学 STSE 课程、阿尔伯塔省小学科学课程为典型案例，介绍加拿大的中小学在青少年科学素质培养中的表现。

安大略省作为加拿大教育水平排名相对靠前的地区，对于青少年的科学素质培育工作非常重视。安大略省在 2007 年修订的课程标准的"引言""科学与技术大纲""学生成就评价与评估""科学与技术大纲计划中的一些考虑"等内容中都非常注重科学、技术、社会和环境的联系，也就是 STSE 教育的实现。这种模式强调科学素质的价值，并同时融入了人文素养和环境社会的要求，提倡科学与其他学科之间的跨学科知识整合。STSE 课程模式中的一些要求与科学素质的要求是相匹配的。例如 STSE 课程要求学生掌握科学知识、概念及原理；掌握科学的研究方法，知道运用科学知识进行实践的手段，能够进行科学探究，解决生活中的问题；具备科学的态度与思维习惯，运用科学思想来理性、客观、具有创新性地处理有关科学的事务；具有科学伦理和价值观，能够以社会责任感和道德情感来面对科学与社会。最后，学生应当能对上述几个方面具有更为深入的理解，这样的要求与科学素质的目标指向是紧密挂靠的。

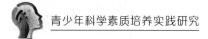

课堂是开展科学教育的主要场所，故而科学与技术课是安大略省小学的主要课程之一。科学教师在科学课堂中将有关科学、技术、社会和环境的知识有效地组织起来，通过 STSE 课程教学，让学生能够成为积极主动的知识探索者，而不是简单地被灌输知识。教师为学生创设让人人都能参与的学习环境，让学生发挥主观能动性去探索知识。加拿大小学的课堂以小组合作、探究教学以及项目式教学等策略为主，同时辅助开展了一系列相互结合的校外活动。这些校外活动不仅可以开阔学生的视野，还能为他们积累丰富的经验，激发学生进行科学探究的兴趣，而创新精神和实践能力也在其中获得了锻炼。

例如安大略省多伦多市的朗（R. J. Lang）小学作为政府未来学校的试点单位，科学教育是它的一大办校特色，其在科学课程的实施上极为重视课外活动的组织，形成了多元交互的科学学习网络。该小学的科学课程设置充分依托安大略省科学课程标准中的总目标，注重"联系"、"技能、策略和思维习惯"与"基本概念"，同时兼顾社会研究、工程设计、数学和语文等学科的有关知识技能，开展了丰富多彩的校外活动，并设立了环境社等学生兴趣小组，学生还会在教师的带领下前往麦肯齐河（Mackenzie）开展科学之旅，与本年级的其他同学共同参与召开科学会议等。

再来看阿尔伯塔省，基于 1997 年加拿大颁布的《科学学习目标公共纲要》，2013 年阿尔伯塔省颁布了 K – 12 学生学习科学教育部长令，提出"科学能力"应当指向学生态度、技能和知识的有效整合，从而为未来成功的学习、生活和工作打下良好基础。阿尔伯塔省目前对于学生科学能力的要求体现在创造性思维能力、信息的整合处理能力、提出并解决问题的能力、创造与发明能力，以及与他人进行有效合作沟通，最终指向个人幸福健康的生活以及成为良好的全球公民等几个不同的方面，而这几点也是科学素质对青少年提出的目标要求。

阿尔伯塔省教育部门认为，青少年科学素质的养成需要学生和教师全面理解科学本质。对于科学本质问题，阿尔伯塔省通过教师培训和教材编写等给予了及时的关注。2003 年颁布的《每个孩子的学习，每个孩子的成功》

(*Every Child Learns*, *Every Child Succeeds*) 中指出，科学教师自身应当加强对于科学本质的理解，掌握科学家进行科学研究的一般步骤与学生学习科学的一般步骤，提高科学素质水平，由此才能更好地带动学生的学习。阿尔伯塔小学科学教材中以各种小故事和图片的形式来向学生讲解科学史，将科学史引入科学教育，提升了青少年儿童对科学历史、科学家活动的理解。而科学探究作为科学素质的一个重要组成部分，也在阿尔伯塔省科学课程中有所体现。这些课程着重强调了科学探究的地位，带领学生通过亲自动手实践来体验科学，在情境活动中不断发展。

阿尔伯塔省的另一个课程理念是"学生与社会的联系"，突出"科学知识与技术社会的融合"，因此在课程内容的安排中可以发现科学知识与儿童真实生活、社会环境密切结合。在阿尔伯塔每一年级的学习中，课程都尽量贴合学生当地的实际情况，比如观察一种小动物发育的生命循环，使学生获得对动物的研究体验并理解生命的伟大与脆弱；学会描述在学校和自己家中热量是如何获得的；识别废物是如何在社区中产生并学习处理垃圾分类的方法；通过拼贴照片的形式描绘当地地形，如河流、湖泊、沙滩等当地熟悉的环境，等等。这些内容无一不与科学素质的要求紧密挂靠。

从安大略省和阿尔伯塔省的课程模式及理念中可以看出，对科学知识、科学本质、科学思维、科学态度、问题解决，以及科学、技术、社会与环境间关系的理解是加拿大培养青少年科学素质的重要关注点。科学教学的目标要围绕科学素质提升的大背景来设计，在学生学习科学知识、方法的同时，实实在在地丰富学生科学探究的经历，在经历中培养学生科学的思想、科学的世界观和科学的价值观，等等。这些都是科学素质培养中的具体细节，各个国家或地区在进行课程设计及实施时，都需要对这些方面有所关注。通过对四个不同方面的分析与说明，可以看到加拿大在青少年科学素质培养的各个方面都能紧跟国际发展趋势，贴合国际青少年发展的要求，为培养学生的科学素质提供了很好的基础条件和环境氛围，并在具体的实施过程中取得了很好的效果。

第五节　澳大利亚

澳大利亚是全球教育水平一流的国家之一，其国内的大学办学水平曾被英国《泰晤士报》评为世界第三名。其中，对于学生科学素质的培养也是澳大利亚的教育目标之一。虽然在国际测评中的表现并不拔尖，但是相比于测评，澳大利亚在培养活动和项目规划上均具有自身的考量与特色。综观国内现有的校内外教育机构及相关科学素质活动，可以发现澳大利亚的教育模式特点清晰：其一是能够充分利用本土的资源，发挥本国在地域和人口等方面的优势扬长避短；其二是培养活动有针对性，能够充分考虑不同年龄段甚至于不同性别学生的需求。澳大利亚的科学素质培养整体上非常注重学生在科学学习中的兴趣，希望学生能够更加积极主动地参与到科学素质的提升活动中。接下来的四个模块将对澳大利亚案例进行简要的说明。

一　课程标准与政策文件对科学素质的要求

澳大利亚是一个多元文化交融的移民国家，17 世纪以前为土著民居住地，18 世纪成为英国殖民地，并于 20 世纪独立自治。澳大利亚是南半球最大的国家，其人口都市化程度非常高，多个城市被评为世界上最适宜居住的地区。由于其独特的地理位置，澳大利亚本土的地貌环境与物种种类都非常具有特色，为国家特色科学教育的开展提供了良好的先天条件。

澳大利亚的中小学面向全体公民开展义务教育，其中小学教育实行地方分权的管理体制，由各州或领地的教育部直接负责管理，并由联邦政府拨款资助。各州政府和教育部门有权自行制定课程标准，而教科书则多由民间出版社组织编写发行，由地区教育部门和学校按照各自的需求自行选择使用。基于特定的历史文化背景，澳大利亚本国的科学教育整体表现会受到英国和美国的一定影响。例如从美国引入的"2016 计划"等项目和一些课程教材经过本土化改编后，成为本国科学教育的重要资源。其学校教育能够充分顾及每一名学生的特点和需求开展个性化的教学，培养适用于各个领域各个行业的未来人才。

同我国一样，澳大利亚在学段上也划分为小学、初中与高中，但是在年级的划分上略有不同。澳大利亚小学设置为 1～6 年级，中学 7～10 年级，高中 11～12 年级。其中对于科学类课程来说，在 1～10 年级设置总体性的科学课程，而在 11～12 年级设置生物、化学、物理和地球与环境科学 4 门学科。这一部分内容选取澳大利亚课程评估与报告组织（Australian Curriculum, Assessment and Reporting Authority, ACARA）颁布的《澳大利亚国家课程：科学》（*The Australian Curriculum Science*）进行说明。在澳大利亚，各个年级科学类课程的目标是基本保持一致的，在确保学生发展的前提下，尽量实现以下几个目标。

首先是对科学的兴趣。作为激发学生好奇心和探索意愿的手段，学生应对他们所居住的不断变化的世界提出问题并进行推测。学生还应理解科学的本质、了解科学探究的性质、具备使用一系列科学探究方法的能力、根据道德原则规划和进行实验调查、收集和分析数据、评估结果以及得出关键的基于证据的结论。在此基础上，学生应能够向他人传达科学理解和发现，以证据为基础证明观点，并评估和辩论科学论点和主张，有能力解决问题并就科学的当前和未来应用做出明智的、基于证据的决策，同时考虑到决策的伦理和社会影响。与此同时，学生还应当了解科学以及当代科学问题和活动的历史和文化贡献，以及对与科学相关的职业多样性的理解，具备坚实的生物、化学、物理、地球和空间科学知识基础，包括能够选择和整合解释与预测现象所需的科学知识和方法，将这种理解应用于新的情况和事件，以及欣赏科学知识的动态本质。

澳大利亚科学课程中一直贯穿科学的三个相互关联的线索，即科学的理解、科学是人类的努力和科学探究技能（见图 2-2、表 2-22）。通过这些知识和技能，学生可以发展出对世界的科学观点。通过清晰描述的探究过程，学生面临着探索科学、概念、性质和用途的挑战。

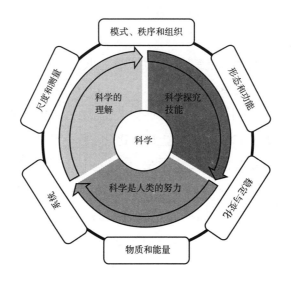

图 2 – 2 澳大利亚科学课程核心示意

（改自 *The Australian Curriculum Science*）

表 2 – 22 澳大利亚科学课程的线索

线索	具体解释
科学的理解	科学知识是指科学工作者长期以来所建立的事实、概念、原理、规律、理论和模型等。对科学的理解常常体现在人们选择并整合适当的科学知识来解释和预测现象，并将这些知识应用于新情况的时候
科学是人类的努力	人类通过科学寻求对自然界的理解和解释。科学应当基于证据构建理论，随着新证据的出现，科学知识是可以改变的。科学通过提出和回应社会与伦理问题来影响社会，科学研究本身也受到社会需求的影响。这一线索强调了科学应当作为一种独特的认知和行为方式发展，它在当代决策和问题解决中具有重要意义。这一线索有两个科学的基础，分别是科学的本质与科学的使用与影响
科学探究技能	科学探究涉及识别和提出问题、规划实施和反思调查、处理分析和解释证据以及沟通调查结果。这一线索涉及评估主张，调查思路，解决问题，得出有效结论和开发基于证据的论点。学生培养的技能为他们提供了更深入地理解科学概念以及科学思维如何应用于这些理解所需的工具。科学探究技能有五个基础，分别是：质疑和预测，识别和构建问题，提出假设并提出可能的结果，规划和实施，决定如何调查或解决问题并进行调查

　　课程标准还提出了 6 个关键概念，分别为模式、秩序和组织，形态和功能，稳定与变化，尺度和测量，物质和能量以及系统。这些关键概念旨在支持年级内和跨年级科学知识的连贯性发展。关键概念构成了科学理解中概念的发展，它是支持科学探究技能链的关键方面，有助于培养学生对科学本质的认识。在上述课程标准中，虽未直接提及科学素质的概念，但从对科学知识的掌握、理解科学本质、具备科学相关技能和能力、应用科学来做出决策考虑社会影响等方面，确实涵盖科学素质定义的方方面面。

　　以高中为例，在科学的理解上，要求学生能理解支撑课程的关键概念、模型和理论，以及解释和预测复杂现象的不同模型和理论的优缺点，科学理解可以通过选择与学生相关且对学生有吸引力的文本来引入。在科学是人类的努力上，教学应说明与科学理解内容相关的可能情境，学生可以在其中探索科学作为人类努力的概念。文本中的每个示例都将与科学理解中的相关子单元保持一致。在适当的情况下，可在每一单元内进行扩展的科学研究。在科学探索技能上，学生将继续发展通用科学探究技能，此外每个单元也会提供更具体的技能，以便在通用科学探究技能中进行教学。而这些特定技能与"科学的理解"和"科学是人类的努力"在内容上保持一致。

　　可以发现，上述三个线索并不是独立存在于课程中的。在科学实践中，这三个方面紧密结合，科学家的工作反映了自然和科学的发展，是建立在科学探究和寻求回应、影响社会需要上的。学生对学校科学的体验应该反映并与这种多面性的科学观相联系。为实现这一点，澳大利亚科学课程将三个科学线索以综合的方式教授。在低年级，学生将了解科学作为人类努力的这一线索，其本质和发展的科学分支集中在科学研究上。这使学生能够清楚地了解他们所学的探究技能与科学家的工作之间的联系。而随着学生年级的增加，他们将调查科学理解是如何发展的，包括考虑一些人和这些科学进步背后的故事。学生还将认识到这种科学理解如何应用于他们的生活和他人的生活。随着学生对科学知识和技能的理解越来越深入，他们将越来越能够理解科学在社会中的作用。

　　除课程标准外，澳大利亚还在 2016～2026 年国家 STEM 学校教育战略文件中提出了 STEM 素养的概念，其中就覆盖了科学素质需求。文件说明了 STEM 素养的重要性，指出国家战略的重点是提高 STEM 学习领域的基础技能，培养数学、科学和技术素质，促进 21 世纪解决问题、批判性分析和创造性思维技能的发展，通过改进统计概念、培养数据分析和解决问题技能、与学校课程的整合等行动来支持学生 STEM 素养的发展。

在澳大利亚的国家政策文件中，可以看出其主要发展特点与美国具有一定的相似性。首先是澳大利亚也在各个年龄段分别针对科学素质的不同方面，对不同年级的学生提出了不同的要求，让学生逐步达成或有重点地达成科学素质培养当中的不同要求。其次是提出了对 STEM 教育发展的需求，通过 STEM 计划从侧面促进科学素质培养的相关要求达成，其中重点包括了很多科学素质要求的科学思维与技能，以及未来从事相关行业的社会参与性，等等。

二 科学素质发展项目

澳大利亚教育部门一直鼓励本国学生积极参与国际上各类科学素质相关竞赛和测评活动，并在这些活动中表现相对稳定。首先来看 PISA 测评中学生在科学学科上的表现，2009 年 PISA 测评中，澳大利亚以 527 分成绩排第 10 名，2012 年以 521 分成绩与中国澳门并列第 16 名，2015 年则以 510 分的成绩排第 14 名。再来看 TIMSS 的科学成绩，2007 年的 TIMSS 测评中，澳大利亚四年级学生以 527 分排第 13 名，八年级学生以 515 分同样排第 13 名。2011 年，四年级学生以 516 分排第 24 名，八年级学生则以 512 分排第 17 名。到 2015 年，四年级学生以 524 分排第 25 名，而八年级学生以 512 分排第 17 名。整体上看，在 TIMSS 测评中，澳大利亚八年级学生的表现相对稳定，而四年级学生的表现在近几年内不是太好。

PISA 和 TIMSS 等项目的整体评估成绩与评价结果显示，澳大利亚 PISA 排名一直处于中等以上的水平（即高于 OECD 平均分）。但是随着越来越多的国家加入 PISA 测试（2000 年有 43 个国家或地区参与测试，2006 年 57 个，2012 年 65 个，2015 年 72 个），澳大利亚的排名开始出现下滑趋势，同理 TIMSS 也是如此。而除了 PISA 及 TIMSS 对科学学科的测评之外，澳大利亚也积极参加了国际科学奥林匹克竞赛活动。在这些竞赛活动中虽不如新加坡、美国等获得大量金牌的国家，但依旧取得不错的成绩，且表现稳定，历年竞赛结果差异不大。具体成绩如表 2-23 所示。

表 2-23 澳大利亚国际科学奥林匹克竞赛成绩

竞赛科目	成绩表现
国际生物奥林匹克 （The International Biology Olympiad）	2016 年 3 银 1 铜；2017 年 2 银 2 铜； 2018 年 2 银 2 铜；2019 年 2 银 2 铜
国际物理奥林匹克 （The International Physics Olympiad）	2015 年 4 铜；2016 年 2 银 3 铜； 2017 年 1 银 4 铜；2018 年 1 金 2 铜； 2019 年 1 银 4 铜
国际化学奥林匹克 （The International Chemistry Olympiad）	2014 年 1 银 3 铜；2015 年 4 铜； 2016 年 4 铜；2017 年 2 银 2 铜； 2018 年 3 银 1 铜

从上述成绩可以看出，虽然澳大利亚在国际测评中的表现并不十分突出，但在各类竞赛活动中的参与性还是很高的，可见政府对于鼓励青少年提升科学素质还是十分重视的。除了这几个竞赛外，澳大利亚还有一项十分重要的 NAP 科学素质评估活动。NAP 科学素质评估会从全国范围内测评本国学生的科学素质水平，根据结果报告分析学校科学教育中存在的问题，以及实现高标准科学素质培养的进展。第一次 NAP 科学素质评估于 2003 年开展，此后每三年进行一次。2003 年至 2015 年，评估仅以 6 年级学生为样本。2018 年，评估计划扩大到包括 10 年级学生在内的更多样本。在 2015 年之前，NAP 评估是以纸笔测试的形式面向学生展开的。但自 2015 年开始，评估过渡到在线环境，在在线测试的同一平台上进行管理。

历年来的结果都显示，澳大利亚首都地区的表现明显高于全国平均水平。在国家层面，澳大利亚青少年科学素质水平表现出以下趋势，即对男性和女性来说没有显著的性别差异，但土著学生的平均成绩明显低于非土著学生，偏远和非常偏远地区的学生平均成绩明显低于其他地理位置的学生。如前文提到的，澳大利亚作为一个高度都市化的国家，近一半的人口都分布在几个主要的大城市中，而这些城市的基础设施建设与经济发展水平都明显高于其他地区。基于这种人口分布不均的现状，在人口密集经济高度发达的首都地区附近学生所取得的科学素质成绩明显较高，这也在一定程度上表现出经济对学生科学素质发展的影响。而澳大利亚本土除在上述三个测评项目上表现积极外，还举办了一系列与科学素质相关的竞赛活动，推动了本国青少年科学素质教育的发展。以下简要介绍澳大利亚的四个主要竞赛活动。

表 2-24　澳大利亚本国的其他科学素质测试项目

竞赛	主要介绍
澳大利亚科学奥林匹克运动会 (Australian Science Olympiads)	澳大利亚科学奥林匹克运动会是一个国家级的高水平中学生科学项目，该项目面向 10~11 年级学生展开，通过参与挑战性考试、住宿项目和国际比赛，获取超越学校的科学知识。澳大利亚科学奥林匹克运动会有三个阶段，包括国内考试、夏季学校以及最终参与国际竞赛等
大科学竞赛 (Big Science Competition)	大科学竞赛聘请科学教育专业人士设置题目，通过利用现实生活中的问题和当代话题，来测试学生批判性思维、解决问题的能力以及科学素质技能。例如学生们关心的关于 3D 打印、粪便物移植、垃圾环流和火星上的生命等。大科学竞赛也为学生带来更多参加好奇头脑、澳大利亚科学奥林匹克运动会以及亚洲科学夏令营等其他活动的机会，其竞赛风格深受澳大利亚学生们的喜爱
时尚极客科学尤里卡奖 (Sleek Geeks Science Eureka Prizes)	悉尼大学时尚极客科学尤里卡奖是一项面向全国小学生和中学生提供的视频竞赛。比赛的想法是让学生来讲述科学故事，以一种既方便又有趣的方式传播科学概念，同时增加他们的科学知识，"在不经意的情况下学习"。由于教师普遍认可这项竞赛与学校课程的相关性，因此尤里卡奖活动已充分融入许多澳大利亚的学校课堂中
澳大利亚科学素质调查 (Australian Science Literacy Survey)	澳大利亚科学素质调查项目于 2010 年首次面向澳大利亚公民开展，其前身来自加州科学院。2013 年结果显示，虽然大多数澳大利亚人对关键的科学事实有基本了解，但仍有很多人对重要的科学问题回答错误。这些结果与 2010 年的结论大致相似，但了解关键科学事实的比例有所下降。一般来说，较年轻的受访者、男性和受过高等教育的人更有可能正确回答问题。然而在过去三年里，年轻人的知识水平比其他群体下降得更多，人们仍然高度认可科学教育对澳大利亚经济发展的重要性

除表 2 - 24 呈现的竞赛活动外，澳大利亚也实施了很多青少年科学素质培养相关项目，其中包括中小学课程连接项目［Primary Connections（linking primary school science with literacy）］以及做科学实践［Science by Doing（high school science）］项目等。中小学课程连接项目的开展能够将科学素质与科学课程联系起来，是一项为中小学科学教师提供有趣的、引人入胜的科学课程资源的项目，目的指向提高学校科学教育的质量和参与程度。而做科学实践则是一个全面的、为期 7 ~ 10 年的在线项目，旨在支持探究式课堂教学。做科学实践的课程单元被映射到澳大利亚的科学课程当中，并免费提供给所有澳大利亚学生和教师使用，其背后有获奖的专业学习模块和基于研究的专业学习方法支持。

虽然测评中的表现并不拔尖，但澳大利亚无论是对本国举办的各类竞赛，还是对筹划组织的科学素质项目活动都可谓尽心尽力。从这些活动中也可以看出澳大利亚十分重视本国公民的素质表现情况，通过各类科学竞赛或调查活动，及时跟进现状并做出分析和解释，调整未来的教育培养政策方向。而从当下的表现上看，虽然大多数澳大利亚人对关键的科学事实有基本的了解，但政府认为仍有很多人在科学素质的表现上有所欠缺，具有很大的继续提升和改进空间。

三　非正式教育组织信息

澳大利亚土地面积广阔，人口集中，在重要城市中都开设了科技馆、博物馆等非正式教育机构，依托这些组织，澳大利亚也开展了大量科学素质培养活动，辅助学生的科学学习。这些项目一方面充分利用了澳大利亚本土的自然环境资源，另一方面也高度关注了不同类型和认知水平学生的需求，为他们提供了兴趣导向、知识与趣味性相结合的活动体验。其中，国家科学技术中心、南澳博物馆，以及一些创新机构及科学院、夏令营等都吸引了大量青少年儿童的参与体验。同加拿大一样，这些机构和活动的信息公开度也较高，大众可以较方便地寻找到自己感兴趣的各类资源。表 2 - 25 对这些主要机构进行简单介绍。

表 2 - 25　澳大利亚代表性非正式教育组织

机构名称	简介
国家科学技术中心 (National Science and Technology Centre)	国家科学技术中心由澳大利亚政府、工业创新和科学部管理。该科技中心致力于提高青少年对科学技术的理解和认识，并尽力提升青少年体验的互动性与趣味性。该中心举办了聪慧技能启发项目、科学马戏园、游学展览会、科学研究展示以及木偶剧展示等活动，在认知水平设置上充分兼顾了不同年龄的青少年，并依据不同水平设定了不同的科学素质发展目标
南澳博物馆 (South Australian Museum)	南澳博物馆被公认为澳大利亚最重要的科学和文化机构之一。博物馆的永久展览涵盖了生物多样性等自然与文化遗产，为学生提供了科学、艺术、人文和社会学等丰富的学习经验。南澳博物馆还有很多临时展览和特别活动，其中的国家科学周等为学生提供了探究式学习的独特机会。此外，南澳博物馆还会针对不同年龄段学生的需求，为他们量身定制特别的学习体验活动
澳大利亚科学创新机构 (Australian Science Innovationsm)	澳大利亚科学创新机构为国家提供了很多首屈一指的创新活动和具有挑战性的科学计划，也为参与澳大利亚科学奥林匹克等高成就项目的青少年提供服务。它致力于通过鼓励和培养优秀的科学学生，为建设澳大利亚科学社会做出贡献，其使命为成为创新和具有挑战性的科学计划的主要提供者。旗下组织了诸如澳大利亚科学奥林匹克、好奇心灵 STEM 项目以及亚洲科学营等各类重要活动
澳大利亚科学院 (Australian Academy of Sciences)	澳大利亚科学院针对青少年科学教育举办了诸如创新学校教育项目、做中学科学及探究数学等一系列活动。科学院的一大特点是会在社交媒体上传播科学，希望大众能在媒体上找到自己感兴趣的科学新闻，提高大众对于科学学习的兴趣。科学院还出版发行了很多科学小册，这些科学小册旨在帮助公众了解科学现状，明确澳大利亚的科学史，以提高公众面对一些复杂重大的社会问题时的理解和处理能力
亚洲科学夏令营 (Asian Science Camp)	亚洲科学夏令营旨在促进亚洲和大洋洲下一代杰出青年科学学生之间的国际合作，并建立彼此间信息交流的网络，其活动主办地也开始扩展到亚洲的各个国家。在夏令营期间，组织方将邀请诺贝尔奖获得者和世界级的研究人员通过全体会议、圆桌讨论等形式和学生分享他们的科学经验，鼓励学生代表们深入思考科学和科学知识，在工作和娱乐之间取得平衡。此外，营地还会为学生提供感受和参观亚洲文化的机会

事实上除了上述科技馆、博物馆以及专门从事青少年科学素质培养的非正式教育机构外，澳大利亚本土一些其他非教育领域的机构也热衷于参与青少年的科学教育工作。例如南澳大利亚植物园（Botanic Gardens of South Australia）作为一个公众休闲场所，在 160 余年的建园时间内为游客提供了一系列文化和科学教育设施。该机构主动承担了很多面向青少年游览者开展

的科学素质类活动，例如在知识守护者活动中，青少年可以用角色扮演的形式向大众普及植物与人们生活之间关系的故事。这种科学教育在各类场所中的普及和渗透，对于本国青少年乃至全体公民素质的提升具有非常好的潜移默化的效果。

澳大利亚的很多非正式科学教育组织具有较长的历史，说明其对于青少年科学学习的关注已经持续了很长时间，体现了澳大利亚对学生科学素质的一贯重视。很多机构、基金会与政府进行了密切的合作与横向联系，为活动的开展提供了坚实的设施基础与物质保障。依托这些教育机构，澳大利亚也组织了一些青少年科学素质培养活动，其中部分活动特点十分鲜明，形式新颖有趣，针对的学生群体也很有特点，例如好奇心灵活动、植物和种子保护活动以及国际科学周等。

表 2 - 26 澳大利亚科学素质培养活动

活动名称	简介
好奇心灵 （Curious Minds）	好奇心灵活动特别针对 9～10 年级对 STEM 学习领域感兴趣的女孩开展。在为期 6 个月的计划中结合了两个住宿营地项目和一个辅导计划。在营地中，女孩们通过讲座与互动课程、实践和实地考察，来探索科学、技术、工程和数学的各个方面。活动将每名学生与 STEM 背景的女教师相匹配，彼此合作共同为学生构建个人目标，并在教练的支持下进行讨论学习、选择职业发展途径等
植物和种子保护 （Plant and Seed Conservation）	植物与种子保护活动会让学生沿路线了解南澳大利亚的一系列植物物种——其中包括许多濒危物种。南澳大利亚本土植物中有 1/4 被认为生存环境受到威胁，学生将考虑全球性问题如栖息地丧失、气候变化和当地引进物种的影响，研究科学概念如种子结构、传播和发芽所需的条件、植物共生关系和生物多样性等。这一活动还旨在增加这一代青少年的环境行动知识与意识
国际科学周 （National Science Week）	国际科学周致力于开展各种多样化的科学素质活动，除一些面向全部公众开放的普适性科学活动如庆祝开普勒和卡西尼的终结、瑞德福恩的科学经验、虚拟现实、远程健康实验室、可持续发展之旅及科学前沿活动外，还包括一些具备本地特色的南方天空、昆士兰地区之旅、内陆地区的珊瑚、干旱地区环境中心活动，以及针对不同类型学生的女孩节的绿灯、口袋城镇的口袋天文学、布里斯班的街头科学节等活动。学生可以依据自己的兴趣有选择地参与

这些活动从设置上来看是极具特色的。其中有的针对女孩等特定性别群体，有的则充分利用了澳大利亚的本土环境，设计了如本土特有植物物种保护的活动。这些活动在各个国家或地区的案例收集过程中都是独具特色且针对性极强的。这个特点也可以给其他国家或地区的科学素质培养活动设计提供一定的借鉴思路。澳大利亚很多科技中心等机构开展的青少年科学素质培养项目形式多种多样，包含了实验、研讨会、游戏、电影节等，通过丰富多彩的活动致力于吸引和激励各个层次的学生参与科学学习。由此可见，对学生科学学习兴趣的提升，也是澳大利亚政府及各省教育部门关注学生科学素质培养的一个重要方面。

四 科学素质项目及学校实施案例

在案例实施部分，本节选取了在澳大利亚排名第一位的詹姆斯·鲁斯农业高中（James Ruse Agricultural High School，以下简称詹姆斯高中）作为案例进行简要的说明。詹姆斯高中在科学方面的目标是为学生提供智力、技能和一些背景知识上的支持，以期全面提升学生的科学素质水平。学校积极鼓励学生参与包括奥林匹克竞赛训练计划和科学拓展计划在内的一系列科学素质提升活动，其中拓展计划又包含了科学强化课程（实验室）以及关于历史背景和幽默轶事评论等的科学内容。

学校依据自身的条件和对学生的培养需求，设计提供了一系列具有挑战性的科学课程，希望通过以下方式努力满足学生的需求：第一，向学生提供必要的知识背景和技能，使学生具备基本的科学素质，从而能在面对现实问题的时候做出负责任的、有效的决定；第二，学校积极鼓励学生参与到解决实际问题的过程中去，教给学生定性和定量的科学研究分析方法，以及指导学生进行口头和书面的沟通交流；第三，学校希望培养学生对于科学的整体认识，能够将科学看作一种进行调查研究的过程，而不仅仅是一种知识体系。

詹姆斯高中对学生需求的评估是十分全面的。学校明确了科学对于学生的定义，知道对于学生而言，掌握具体的科学知识并不是学生学习的最终目标，学生在学习科学的过程中所掌握的基本方法、科学思维和态度也同样重要。最关键的是，学校非常关注学生是否能够利用这些科学知识来解决实际生活中遇到的问题，进而能够做出负责任的有效的决策。而这些内容无疑是与科学素质的要求——匹配的。为了让学生更好地学习科学知识与技能，普及科学背景信息，并能够在生活当中自信而负责地调查、解决遇到的问题，学校还鼓励学生更多地参与到科学素质提升活动中去。

首先，詹姆斯高中积极组织并参与了奥林匹克训练计划。这一计划为全国优秀的理科学生提供了认可，也为他们提供了通过培训来代表国家参加国际竞赛的机会。詹姆斯高中在这一赛事上拥有非常强大的基础。澳大利亚国立大学每年都会邀请澳大利亚前 25 名学生参加为期 16 天的密集住宿，这项奥林匹克训练计划的校外时间模块，由 2 名科学院成员和一组共 9 名导师提供，而他们大多都是詹姆斯高中的毕业学生与学者。可见学校在这项赛事上培养了一大批顶尖的科学人才。

除奥林匹克训练计划外，学校还组织了科学拓展项目。这一项目的主体是由一些内容丰富的科学强化课程组成的，旨在通过提供一系列实验室活动，来挑战 7~8 级学生超越一般科学课程的界限，突破他们在正常科学授课过程中遇到的瓶颈，达到新的层次。这一项目吸引了一大批喜欢调查和探索科学的学生参与，项目也并非旨在提高学生的学习成绩，因此参与的学生们将这些课程看作一种愉快的活动而非任务。自 2002 年以来，项目已经吸引了 600 多名学生参加，在这些科学强化课程中，学生体验了简单而有吸引力的实验，提高了自身对科学的学习兴趣。而一些关于科学的历史背景知识和幽默轶事的评论也成为活动的特色之一，它在补充知识的同时还提升了学生对于科学学习的乐趣。而詹姆斯高中也为这些参加科学拓展计划的学生提供了奖励和物质支持。

詹姆斯高中的领导层认为，科学是一个不断探索的过程，生命从形成之初到现在再到未来发展，从大爆炸时期到人类社会建立，实践当中的角角落落都存在令科学家感兴趣的话题，他们也都提出了有关人类发展的大问题，并通过科学研究来解决这些问题。而詹姆斯高中希望为本校的学生提供必要的知识基础和智力技能，以及与这些问题相关的背景知识、道德伦理考量，让学生能够在生活当中成为自信、负责任的公民，甚至最终成为优秀的科学研究工作者。

由上述案例可以看出，学校对于学生科学素质的表现有较清晰的认识，基于此设计的训练目标清晰明确，并且有较好的实施效果。这一系列活动都离不开领导层对于学生科学学习的支持与重视。综合文中四个不同方面的信息，也可以看到澳大利亚充分发挥了本国的优势特征，借助地理、人文背景，组织了大量别具特色的青少年科学素质培养活动，并能够将这些活动渗透到社会上的各个机构中，潜移默化地提升国家公民对科学的认识。此外，澳大利亚在学生科学素质培养的不同方面的表现是比较均衡的，从上层的政策要求，到最基础的学校案例，均表现出对于学生科学素质培养的重视，也体现了很高的落实度。

第三章 亚洲案例简析

第一节 新加坡

作为教育高度发达的国家之一，新加坡在各类国际竞赛及测评活动中都取得了十分瞩目的成绩，在科学素质培养方面也始终走在世界的前列。无论是从国家政策对于科学素质的要求，还是从博物馆、科技馆等校外机构对学生的培养上，始终都在强调培养学生自主学习、应对和解决社会和生活中出现的问题的能力。在各类资源的获取程度上，新加坡对于科学素质培养的资料公开度较高，不但向公众呈现了培养目的与设计框架，更是提供了很多具体的实施案例供公众参考。可以说，新加坡是非常值得其他国家在科学素质培养方面学习和参考的国家之一。

在以下的内容当中，案例将按照分析框架的设计，从课程标准与政策文件、科学素质发展项目、非正式教育组织信息以及学校及团体的科学素质实施案例四个方面来对新加坡的整体情况进行分析与说明。

一 课程标准与政策文件对科学素质的要求

新加坡是坐落于东南亚的岛国，所在领土的文化历史悠久。经历了19世纪初英国殖民、20世纪中期被日本占领，最终于1965年建国。新加坡是一个经济非常发达的国家，曾被誉为"亚洲四小龙"之一，后又被评为"第四大国际金融中心"。这与其教育所发挥的作用密不可分。基于被占领及统治的复杂历史背景，新加坡成为一个多民族、多语言的多元文化移民国家。其教育体制率先由英国传统的教育体制发展而来，并经历了本国不断调整和改革的过程，逐渐形成具有本国特色的教育系统。

同中国一样，新加坡实行 10 年义务教育制度，其中 6 年的小学教育对国民是强制性的。新加坡的初中毕业生须参加 O 水平考试（O-Level），相当于国内的中考，高中毕业生须参加 A 水平考试（A-Level），相当于国内的高考。新加坡学生自小学 3 年级开始便会学习科学，而科学也是与华文、英文、数学并列的四门主课之一，可见科学教育在新加坡的重要程度。

自 1997 年起，新加坡教育部提出了"思考的学校，学习的国家"（Thinking School，Learning Nation）计划，希望培养全体公民的终身学习能力，提升国家的综合教育水平。此后教育部将科学课程教材的编写权下放到市场由出版社各自编写，经国家审核后，学校及教师将拥有较大的自主权进行取舍使用，给一线教学关注学生的个性化发展提供了可能。2014 年，教育部修订了新版的中小学课程标准，其中更是提及了发展学生的科学素质，培养未来优秀公民的要求。

在新加坡的课程标准文件分析过程中，主要选取了由新加坡教育部（Ministry of Education）颁布的《2014 小学科学课程标准》（*Science Syllabus Primary 2014*）以及《2014 中学科学课程标准》（*Science Syllabus Lower and Upper Secondary 2014*）。在文件中可以看到新加坡对科学素质的表述相对健全。从小学科学到初中、高中各个科学学科中，都对科学素质的相关内容提出了明确具体的要求。在这一点上，新加坡教育部门提出了"21 世纪能力与科学素质"（The 21st Century Competencies and Scientific Literacy）的概念，这一概念在小学和中学阶段的要求是相通的，并贯穿青少年培养的始终。

对比欧洲国家案例的话语体系后可以看出，新加坡的科学课程标准中对"科学素质"的概念是明确而多次提及的，而这一培养目标从小学阶段到高中阶段是具有连贯一致性的，特别是其中对于 21 世纪能力和科学素质部分的要求保持一致。这种对科学素质的一贯制要求能够较好地符合学习进阶的需求，保障了青少年在培养过程中不出现要求目标上的断层，而这一点对于学生科学素质的培养是具有重要意义的（见表 3 - 1）。

表 3 - 1　新加坡 "21 世纪能力与科学素质" 的要求

模块	具体要求
21 世纪能力 （The 21st Century Competencies）	• 21 世纪能力框架概括了未来教育的主旨,希望学生成为自信的人、自主的学习者、关心他人的公民和积极的贡献者——这些人能够在变化是唯一不变的世界中茁壮成长并做出贡献 • 在 21 世纪,能力领域日益突出,包括公民识字、全球意识和跨文化技能、批判性和创造性思维以及信息和沟通技能,都是 21 世纪的能力
科学素质 （Scientific Literacy）	• 未来科学教育不仅仅是教学生科学的基本概念。学生需要具备运用科学知识识别问题的技能,得出基于证据的结论,以便理解自然世界及通过人类活动对其做出的改变。学生还要了解科学作为人类知识和探究形式的特征,了解科学和技术如何塑造我们的物质、智力和文化环境。学生还需具备道德和态度,作为一个反思公民参与与科学有关的问题 • 科学知识和方法论的坚实基础应包括推理和分析技能,决策和解决问题的能力,灵活应对不同背景,拥有愿意探索新领域和学习新事物的开放和探究的思想。这些技能和思维习惯与 21 世纪能力保持一致

21 世纪能力与科学素质的要求中指出，学生不仅需要掌握必备的科学知识与概念，强调了科学推理、科学本质等一系列有关科学思维的要求，并明确指出了学生应用科学方法来决策和解决问题的能力，同时更加强调了学生作为 "公民" 在社会中的价值，鼓励学生能够积极地参与到社会事务的决策中，更好地走向社会。这些要求与研究者对于 "科学素质" 的要求是具有高度一致性的，可见科学素质在新加坡学生培养方面是十分外显化的。依照这些科学素质的要求引领，新加坡在各个年龄段的课程大纲中都提出了具体的教学目标，其中大多都与科学素质的要求保持整体一致（见表 3 - 2）。

表 3 - 2　新加坡课程大纲中关于科学素质的要求

学龄段	具体要求
小学科学	• 为学生提供建立在兴趣基础上的学习经验,激发学生对环境的好奇心 • 为学生提供基本的科学术语和概念,帮助学生了解自己和周围的世界 • 为学生提供发展科学探究技能、思维习惯态度的机会 • 让学生为使用科学知识方法做个人决定做好准备 • 帮助学生了解科学如何影响人类和环境
中学	• 培养学生对科学的看法,将其视为集体努力和思维方式,而不仅仅是一系列事实(包括科学研究实践受社会、经济、技术、伦理和文化的影响和限制;科学的应用通常有益,但滥用科学知识也可能有害) • 引导学生获取知识并理解在日常生活中的应用;能够使用思考和探究解决问题,进行有效沟通 • 帮助发展学生科学探究技能 • 发展学生 21 世纪能力,成为负责任的个人和富有成效的公民,获得终身学习技能,关心人类和环境;能使用信息通信技术进行协作,进行数据收集和结果分析 • 能够为中学后课程做好准备,培养工作场所相关实用的技能;了解科学和技术对社会、工业和商业的影响
高中生物/物理/ 化学学科 (共有)	• H1:拓宽学生的学习并支持科学素质的发展。"科学实践"是 H1 的关键特征,更加重视那些使学生成为具有科学素质的消费者和公民的组成部分的发展 • H2:培养具有科学素质的公民并帮助学生在科学和工程相关领域开启职业生涯。所有学生应能根据当前和新出现的问题的合理科学知识和原则做出明智的决策,并要求想进一步追求科学深造的学生精通科学实践 • H3:强调科学实践的重要价值,了解科学知识的本质,为学生提供反映科学实践如何有助于科学知识积累的机会,通过学习科学发展 21 世纪的能力

　　表 3 - 2 中需要额外说明的是新加坡高中科学课程分为 H1、H2、H3 级别,每个级别又都划分出生物、物理、化学三门学科。其中 H1 和 H2 的难度内容相似,因此表 3 - 2 中二者的目标要求也具有一定的相似性。但 H1 的内容相比 H2 较少,而 H3 的层次则会明显高于 H1 与 H2。在全部水平级别中,学科课程标准都以"通过学习科学来培养 21 世纪能力""科学实践""教学法"等模块分别涉及关于科学素质的要求。

　　从课程标准上看,新加坡从小学到高中阶段涉及的全部青少年群体中,都对科学素质的相关要求进行了表征，并在课程标准中得到了有效的表现。就新加坡中小学课程标准而言，课程标准中以"21世纪能力与科学素质"模块对科学素质的具体内容进行了阐述，并从知识、理解和应用，技能和过程，态度和道德三个方面进行了详细的刻画。对比来看，小学和中学课程标准中对"21世纪能力与科学素质"的阐述相对基础，而高中阶段标准中的阐述则更为深入。这也进一步印证了前文所说的对于科学素质培养要求的连贯一致性和进阶性。

课程标准和政策作为上位的引领性文件，对于科学教学的实际实施具有重要的指导作用。通过对"21世纪能力与科学素质"和各年龄段课程标准的分析，可以发现新加坡在这一政策和标准层面对科学素质的概念充分外显化，目标强调颇多，内容也覆盖了科学素质的各个角度，注重对于学生的培养不仅仅是理解科学知识，更应该关注学生成为"社会人"所具备的能力与态度。因而从该模块上来看，新加坡对于学生科学素质培养的表现是十分优秀的。

二 科学素质发展项目

新加坡在课程标准与政策文件的引领下，积极参与并举办了各类有关科学素质的测评及竞赛活动，并设立了若干由政府及民间组织举办的提升青少年科学素质的培养项目。

从测评竞赛上来看，新加坡多年来持续参与了各类国际大型测评项目，并在这些测评中取得了非常突出的成绩。以其中全球较大型的几个评估项目为例，在针对15岁学生科学素质测评的PISA中，新加坡学生科学学科的平均成绩分别为2009年以542分排名第4，2012年以551分排名第3，2015年以556分排名第1。以测试9～10岁和13～14岁学生，即四年级和八年级学生的科学学业成绩的TIMSS来看，新加坡历年科学学科平均成绩为：1995年四年级组排名第7，八年级组排名第1；1999年八年级组排名第2；2003年四年级组排名第1，八年级组排名第1；2007年四年级组排名第1，八年级组排名第1；2011年四年级组排名第2，八年级组排名第1；2015年四年级组排名第 1，八年级组排名第 1。可以明显看出，新加坡在这两个测评中几乎占据了大量的第 1 位排名，并且多次与第 2、第 3 名在成绩上拉开了较大差距。可见其本国学生科学学业水平在全球范围内表现出的突出优势。

　　除 PISA 及 TIMSS 外，新加坡还连续数年参与了国际科学奥林匹克竞赛。此类竞赛的参与者为来自全球各个国家相应奥林匹克竞赛的获胜者，竞赛对于学生处理科学问题和相关学科的能力、创造力和毅力等进行了检验，旨在挑战和激励这些学生扩大他们的才能，并促进他们作为科学家的职业生涯。在生物、物理、化学三个学科竞赛当中，新加坡学生的表现结果如表 3 - 3 所示。

表 3 - 3　新加坡国际科学奥林匹克竞赛成绩

竞赛科目	成绩表现
国际生物奥林匹克 （The International Biology Olympiad）	2015 年 3 金 1 银、2016 年 4 金、2017 年 3 金 1 银、2018 年 3 金 1 银、2019 年 3 金 1 银
国际物理奥林匹克 （The International Physics Olympiad）	2015 年 1 金 4 银、2016 年 2 金 3 银、2017 年 5 金、2018 年 4 金 1 银、2019 年 2 金 2 银 1 铜
国际化学奥林匹克 （The International Chemistry Olympiad）	2014 年 2 金 2 银、2015 年 1 金 3 银、2016 年 2 金 2 银、2017 年 2 金 2 银、2018 年 2 金 2 银

　　新加坡在奥林匹克竞赛中连年获取多枚奖牌，并在参赛排名上遥遥领先。上述国际竞赛的成绩印证了新加坡对于学生科学素质培养的效果，以及相关政策和培训活动的有效性。除这些国际竞赛与测评外，新加坡还面向国内青少年开展了一系列与科学素质相关的竞赛活动（见表 3 - 4）。这些竞赛的覆盖面广、参与人数多，同时兼顾了科学、技术与艺术等众多领域，对于学生的全方面发展起到了重要的作用，因此具有较高的借鉴意义。

表 3 - 4 新加坡国内的部分科学素质竞赛项目

竞赛	主要介绍
ATS 竞赛 （A * STAR Talent Search）	始于 2006 年的 ATS 是由新加坡 A * STAR 研究院面向高中生开展的青年科学推广计划的一部分，旨在激发和保持新加坡年轻人对科学的热情。候选人会在新加坡科学与工程博览会上展示他们的研究项目，再经两轮选拔选出最终胜出者。评审小组来自来本地和国际的杰出科学家、著名研究机构和诺贝尔奖得主组成
无人机奥德赛挑战赛 （Drone Odyssey Challenge）	无人机奥德赛挑战赛由新加坡科学中心主办，并得到新加坡教育部和各合作伙伴的支持。该竞赛面向中、小学学生开放，参加者将以小组形式合作编写无人机程式，把它们转变成可在特定情况下执行任务的无人驾驶飞机。该挑战赛兼具了乐趣、技术技能、批判性思维以及对现代技术颠覆性的欣赏考量
工程创新挑战赛 （Engineering Innovation Challenge）	工程创新挑战赛始于 2015 年，此前被称为能源创新挑战赛，由新加坡工程师学会（IES）和新加坡科学中心在教育部的支持下联合举办。活动旨在培养学生兴趣，了解体验工程如何在能源创新中发挥作用。竞赛为学生提供创新机会与专业工程和商业导师合作设计或发明一种产品。比赛在新加坡国家工程师日进行展示与最终评审
国际科学表演大赛 （International Science Drama Competition）	国际科学表演大赛由新加坡科学中心发起，创始成员还包括中国科学同盟网、马来西亚油科学馆和菲律宾思维博物馆，自 2016 年始连续举办三届，2019 年由中国轮值主办，主题为"化学让生活更美好"。参赛队伍围绕环境化学、医用化学、生物化学、化工新材料以及化工产品提升生活质量、化学为全球未来发展机遇提供解决方案等方面进行戏剧艺术创作
索尼创意科学奖 （Sony Creative Science Award）	索尼创意科学奖是新加坡最大的小学生玩具制作比赛，由新加坡科学中心和新加坡索尼公司联合主办，并得到了新加坡教育部的支持。每年，成千上万的小学生发挥他们的创造力，把他们惊人的想法付诸实践。通过 SCSA，这些学生可以在科学学习的基础上，进行探索性、技巧性的游戏
新加坡惊奇 飞行器大赛 （Singapore Amazing Flying Machine Competition）	新加坡惊奇飞行器大赛由新加坡 DSO 国家实验室和科学中心主办，并由新加坡国防部支持。比赛面向所有想要探索飞行背后的科学并创造属于自己的飞行器的学生开放，为他们提供独特的平台，通过设计飞行器来拓展想象力，突破边界进行创新创造。比赛还会测试学生的空气动力学知识，展示他们对飞行科学的热情
国家机器人竞赛 （National Robotics Competition）	国家机器人竞赛由教育部支持，迄今已吸引了 6 万多名参与者。NRC 能激发学生对 STEM 的兴趣，鼓励学生培养解决问题的能力、创业能力、创造性思维能力和团队精神。NRC 目前分为四个系列比赛：WeDo 2.0 青年挑战赛、科学自动化、世界机器人奥林匹克挑战赛和机器人手臂挑战赛，以期帮助学生适应不断变化的科技背景

续表

竞赛	主要介绍
国家科学挑战赛 （National Science Challenge）	国家科学挑战赛是由传媒公司第五频道播出的电视游戏节目，为中学生提供激烈竞争的机会，让他们在演播室及 A＊STAR 等研究机构的现场挑战中测试自己的技能和知识。不仅是学生，收看节目的公民和观众都能体验到科学是如何影响周围的一切的。国家科学挑战赛到 2019 年为止已经举办了 17 季

在新加坡举办的这类竞赛中可以发现，不同类型的活动除兼顾了学生在科学学习与素质培养上的要求外，还充分考虑了青少年不同年龄段的心理特征，在设计上着重吸引了学生的参与兴趣。特别是利用一些国内的大型活动、媒体和广播平台作为媒介，对各类赛事的决赛或展示环节进行播报，这对于科学素质面向大众普及、惠及更多不参与竞赛的青少年来说具有极大的价值。

除举办各类科学素质相关竞赛活动外，新加坡还组织了一些与之相关的青少年科学素质培养活动项目，用以帮助学生提升科学素质水平。以新加坡科学研究和应用学习中心（CRADLΣ）项目和天才教育计划（Gifted Education Programme，GEP）两个案例为例，可以对这些项目进行简单的了解。

新加坡科学研究和应用学习中心（CRADLΣ）是一个由科学家、教育工作者和其他支持者组成的网络，通过向学校提供设备、借助新加坡科学中心的原型实验室为中学生举办研讨会，给学生的动手实践提供便利，实现交互式发展。该培训中心始于 2012 年，作为新加坡科学教学中心和研发中心配备了研究实验室和互动空间，培养学生在科学、技术、工程和数学（STEM）上的态度与能力。CRADLΣ 认为，亲身经历直观的实验结果是理解科技发展实践的必要手段。除适应于青年学生的水平外，CRADLΣ 还提供教师工作坊，为教师安排专业发展计划。

CRADLΣ 这一项目举办的目的是让学生看到在学校学习到的科学知识在现实社会中所具有的实际应用价值，进而明确科学的重要性，提升自身对科学的兴趣。在这一点要求上可以看出，其与科学素质定义中与社会相联系的要求具有一致性。CRADLΣ 还提到,这一系列活动设计能够促进学生科学探索实践、发展学生的 21 世纪核心竞争力。这一要求充分实现了活动安排与顶层设计(即新加坡课程文件中对 21 世纪能力与科学素质的要求)相吻合。

与 CRADLΣ 相似的还有新加坡天才教育计划(GEP)。GEP 项目面向一些有天赋的青少年开展,其主要目的是通过活动来培养发展他们的智力以及更高层次的思维能力,培养生产创造力及终身自主学习的态度,增强个人追求卓越成就的愿望,培养强烈的社会良知和为社会国家服务的意识以及培养负责任的道德价值观和素质。从培养目的上看,GEP 的要求与 CRADLΣ 相似,都直接指向了 21 世纪能力与科学素质。2003 年起,GEP 引入了个别研究方案(ISO)的术语,以帮助学生参与不同类型的项目工作。ISO 下的项目有很多选择,包括个性化研究、创新计划、未来问题解决、学校数字媒体奖等。每个 ISO 都强调一组稍有不同的技能,从研究技能、信息技术技能、创造性思维技能,再到解决问题的技能等。

综观这一模块,新加坡在 PISA、TIMSS 等大型测评项目中的成绩表现优异,部分排名一直处于全球顶尖水平,并多次排名国际第一。而本国组织的各类科学素质测评项目和竞赛的类型也多种多样,如研究项目展示、设计挑战、戏剧创作、游戏等,涉及无人机、机器人等工程学和医学、化学内容,在测试学生技能和知识的同时,充分考虑了学生的兴趣及科学对于社会和生活发展的价值,在设计上可以满足提升学生科学素质的需求。在此基础上,还有一系列机构为新加坡青少年提供诸如 CRADLΣ 和 GEP 此类的科学素质培养项目活动。而上述竞赛和项目无一不紧贴了新加坡对于 21 世纪能力与科学素质的顶层要求,这一系列成果显示出国家政府对于青少年科学素质发展的全方位的重视。

三 非正式教育组织信息

对于青少年的科学素质培养而言,校内教育与校外非正式场所的教育都具有非常重要的价值。学生通过参与各类科技馆、博物馆、培训机构等组织的活动，可以有效增加学生对科学学习的兴趣与热情，并给他们将学习到的科学知识融入社会、解决生活中遇到的问题提供机会。通过新加坡的相关信息可以看出，除政府机构外，新加坡的一些非正式教育场所与组织也在学生科学素质培养上给予了相当多的关注。而这些非正式教育场所对于信息的公开是相对透明的，公众可以方便地寻找到与青少年科学素质培养相关的各类资源。

新加坡科学中心（Science Centre Singapore），又称新加坡科学馆，是国内非常著名的、历史悠久的科技馆。中心自 1977 年起至今已有 42 年的历史，每年接待超过 100 万名游客。中心认为，虽然国家正式教育机构提出并明确了要培养"有科学素质的人"，但中心将这一目标提升到了一个新的水平。中心的活动包括举办展览，展示科技在日常生活中的表现及力量；开办课程以配合学校的科学课程大纲；出版发行科学杂志和自然历史指南；举办推广活动，让科学更接近新加坡人民，等等。除科技馆外，新加坡的科学博物馆也承担了很多科技活动职能，帮助学生了解科学、实践科学。表 3－5 以滨海湾金沙艺术科学博物馆（Art Science Museum at Marina Bay Sands）及李光前自然历史博物馆（Lee Kong Chian Natural History Museum）为例进行简要介绍。

表 3－5　新加坡博物馆信息简介

组织	简介
滨海湾金沙艺术科学博物馆（Art Science Museum at Marina Bay Sands）	滨海湾金沙艺术科学博物馆将艺术与科学完美融合。该展览中心不断举办一系列通过与美国自然历史博物馆、史密森学会等机构的合作而引进的重要国际巡回展览,推动科学、技术和知识的不断发展。参观者可以沉浸在 1500 平方米的动态数字世界,围绕自然、城市和科学的主题进行艺术互动
李光前自然历史博物馆（Lee Kong Chian Natural History Museum）	李光前自然历史博物馆致力于成为东南亚生物多样性研究和教育推广领域的领导者,希望培养公众对生物多样性和相关环境问题的兴趣;维护发展以大量历史和研究样本为重点的自然遗产知识库,鼓励、发展并支持新加坡的生物多样性研究。通过与东南亚和国际机构合作,普及生物多样性和环境问题在新加坡人生活中的价值

新加坡作为一个国土面积非常小的国家，土地利用率是一个非常重要的问题。然而在这样的背景下，国家对学生科学素质的校外场馆建设上却是非常健全的，科技馆和博物馆的建设数量与质量都没有因为地域限制而缺失。这与国际上一些同样地域面积狭小的国家相比是非常突出的特征，足见本国政府对科学教育的重视与高投入。事实上，除典型的科技馆和博物馆外，新加坡国内还有非常多的其他教育机构，其中部分依托于其他实体机构，部分具有自己的实体机构。它们也在参与青少年科学素质培养活动中发挥着重要的价值（见表3-6）。

表3-6　新加坡部分其他非正式教育机构

组织	简介
新加坡国家科学院 （Singapore National Academy of Science）	成立于1976年的新加坡国家科学院（SNAS）始终致力于促进新加坡科学技术的进步。SNAS被设想为一个伞形组织，不仅有自己的一系列方案，还监督其他组织的社会活动。自2011年以来，SNAS开始选举自己的成员，多年来通过与其他组织机构进行团体合作，支持并开展了一系列活动，致力于面向大众促进和普及科学，提高科学素质水平
新加坡国立大学 科学示范实验室 （NUS Science Outreach）	新加坡国立大学科学示范实验室的建立初衷，是希望让学生通过亲身体验和互动学习，来培养发现和重新发现科学的精神。科学示范实验室试图阐明"我看见，我记得；我知道，我理解"的目标，为大众科学普及提供了大量可供实践操作的案例
家庭科学俱乐部 （Family Science Club）	家庭科学俱乐部是一个由科学中心与学校共同合作组成的机构，通过与学校教师及家长志愿者共同努力，创建与科学相关的亲子关系家庭项目。俱乐部旨在通过互动科学研讨会为家长创造机会与孩子开展互动，使科学学习变得愉快，并与他们的日常生活建立联系
新加坡创客盛会 （Singapore Maker Extravaganza）	新加坡创客盛会面向公众展示各种各样的、不同年龄创客们的作品，希望学生能够通过自己动手或一起动手，与大众和同伴分享自己的科技创新成就。近年，新加坡创客盛会以联合国制定的"可持续发展"目标为主题开展相关活动，新加坡学校团体可免费带领学生参观

从上述校外机构和组织的信息当中，可以看到新加坡国内设计了一系列针对不同年龄段学生的丰富多彩的科学素质培养活动，其举办形式多种多样，内容也非常丰富多彩。此外其中一个关键特征是新加坡的校外机构十分

重视与学校教师和学生家长建立联系，以"馆校合作""家校合作"等方式，将校外科学学习带入课堂与家庭，充分与学生的日常生活相联系，有效促进科学与社会的整合，提升学生利用科学来解决问题、更好地生活的能力，同时还提升了科学学习的乐趣与兴趣，有利于吸引和激励各个层次的学生学习科学。

新加坡的博物馆主要以展览的方式为学生提供丰富的知识，科技馆为学生提供了动手实践科学探究的机会，而各类非正式教育组织机构则为学生提供了各种应用科学知识的可能，通过各种项目促进和普及科学在社会生活中的价值。正式教育机构把更多的时间放在科学知识和概念的学习上，这一点有效满足了科学素质前两个方面的需求；而非正式教育机构和场所则承担了更多的科学素质在其他方面的要求，如学生应用科学知识解决问题的能力，将科学与日常生活相联系，处理在社会生活中的各类事务，等等。非正式教育机构有其自身独特的优势，特别是在吸引和增加学生对于科学的兴趣、与家长进行合作互联、鼓励学生把动手与动脑相结合等方面，而这些在时间有限的正式课堂教育环境当中都是不易实现的。此外，在案例资料搜索的过程中，各类机构还公开了很多具体的活动设计与方案，为其他国家和地区开展相关活动提供了重要的借鉴。

四　科学素质项目及学校实施案例

在新加坡的实施案例模块中，主要选择了南洋小学为例介绍其学校特征及学生科学培养表现，以期通过实际环境中的学校案例来探索新加坡在政策制度落实、活动开展过程中的教学情况。

南洋小学（Nanyang Primary School）是新加坡一所历史非常悠久的小学，其前身可以追溯到 1917 年创办的南洋女校，1932 年在其下设立了南洋附小，开始男女混合招生，是新加坡保存至今的完整提供华文教育的学校。目前作为新加坡国内排名前十的公立小学，南洋小学非常重视学生的知识、技能、态度全面发展，其正常授课日一般集中在上午半天完成，而下午的时间学生可以选择参与各式各样的兴趣活动。

　　南洋小学从学校的培养愿景上紧贴科学素质的要求，不仅希望学生通过学习掌握科学知识和技能，更重要的是培养具有好奇心的终身学习者。南洋小学致力于让学生接触更深更广的科学领域，为学生提供科学实践经验，培养学生的提问、分析和调查能力，养成良好的思维和沟通技巧，并透过应用资讯科技、现代化技术和丰富的课外活动，提高学生对科学的兴趣。

　　学校设立了一系列科学教育项目。南洋科学教育项目旨在于五个教育领域（道德、认知、物理、社会和美学）全面培养学生。活动使用关键的教学策略，如多智能以及合作学习，以提高课堂的效率，倡导开展以探究为基础的教学活动。差异化的教学策略也是南洋小学的一个特征，这种教学的重点是希望把每个学生的特殊才能发展到他们能达到的最高水平。除了天才教育（GE）课程外，学校还会通过 P3 筛选测试帮助学校确定主流高能力（HAL）学生，为其提供从 P4 起更具挑战性的课程。卓越 2000（E2K）项目就是为在科学方面特别优秀的 HAL 学生推出的一个科学强化项目。

　　在日常教学中，教师会结合教材及活动手册的要求开展实践。学生通常以 5 人一组的小组合作模式进行学习，在学习中他们能够与同伴进行充分的交流，并向全班同学展示他们的发现。每门课计划至少每周使用三个科学室中的一个进行实践。除科学教科书和练习册外，科学教师还会根据自己的考试问题制定一系列专题笔记和模板问题，以补充课本内容，提高教学质量。

　　南洋小学在学生培养上同时兼顾了学生在教室内（正式教育）与教室外（非正式教育）的发展。在校内环境中，南洋小学开展了名为"玩具@工作"的特色项目，通过使用玩具来帮助学生学习科学。这也是学校理科教师希望采用的一种多智能教学策略，每年每个年级都会完成指定的玩具@工作活动。这些课程使学生能够通过玩玩具获得教学大纲中所涵盖的科学概念的实践经验，他们也有机会设计和创造自己的玩具，以展示所学到的科学概念，进而也能展示自己的创造力。而这种寓教于乐的模式充分符合小学阶段学生的认知发展规律，对于提高学生对科学的兴趣效果显著。

　　在校外环境中，南洋小学开展了科学新星活动，让学生在评估他们的实践技能时可以获得更多的兴趣。而且学生在这一替代评估中的表现对总分没有影响。学校认为，科学培养活动对考试成绩的强调越少，学生的学习压力就越小，兴趣也会得到更多的提升。2014 年，学校户外体验式学习（OEL）项目建成。OEL 为学生提供了一个良好的场所，让学生在学习各自层次的概念的同时，能够进行自主、真实的学习体验。学校还为学生设计提供户外学习路径，让学生能够去观察自然栖息地中的生物，并观察它们与环境的相互作用。

此外，南洋小学还十分注重与国际各类机构的合作互动。2008 年，南洋小学开启了上海科学沉浸计划，为学生提供了在主办学校"上海复旦万科实验私立学校"学习科学的机会，并提供了汉语学习环境的体验。这项计划还包括了在朋友家庭中的寄宿体验。学生可以参加各种活动，参观与科学技术有关的场馆，同时也让学生更多地了解了不同国家的文化。另外，学校每年还会组织科学书籍、杂志和玩具展览会，让小学生们通过阅读和玩耍来培养对科学的热爱。而这一系列课后计划的设置，为那些想在学校课程之外充实自己的学生提供了更多的机会。所有内容都经过了学校的精心挑选，以确保它们与学校提供的课程有所不同。

南洋小学还十分鼓励学生参与新加坡小学奥林匹克竞赛、莱佛士科学奥林匹克竞赛等一系列活动。通过科学教育项目、教室内的实践活动和户外体验式学习、竞赛等方式的有机结合，帮助学生理解教学大纲中所涵盖的科学概念，获得实践经验，并扩展提升教学大纲以外的科学素质水平，培养学生对科学的热爱。从顶层设计到下位实施的具体活动，南洋小学将学生终身学习、科学思维能力、融入社会等科学素质的要求贯穿始终，作为案例体现了新加坡学校对学生发展的整体考量，也展现了国家对学生科学素质培养的关注。

综合上述四个不同的方面，可以看到新加坡在科学素质不同方向要求上的表现都比较均衡，无论是上层的政策要求，还是最基础的学校案例，均表现出国家政府、一线教师对于学生科学素质培养的重视与高度的落实。这一案例也对其他国家青少年科学素质发展具有极高的借鉴意义。

第二节　韩国

综观整个亚洲地区，韩国是其中经济发展水平很高、同时国内科学素质培养水平也相对较高的国家。从各类国际竞赛和测评的成绩上看，韩国屡次排名前列，甚至取得全球第一的成绩。然而，面对国内人口密度较高、经济发展不均衡的现状，韩国学生升学就业压力较大，导致了科学学习成为以灌输式、传递式为主导的模式，学生的科学学习兴趣显著降低。针对这一基本的国情，韩国充分借助博物馆、科技馆和一系列校外非正式教育组织机构的力量，大力开展各类 STEAM 等教育项目和教育活动，以解决国内现存的问题，整体有效提升学生的科学素质水平。

案例将从课程标准与政策文件、科学素质发展项目、非正式教育组织信息以及实施案例四方面入手，对韩国的科学素质教育情况进行简单说明。而韩国这一与中国邻近、科学教育表现多有类似的亚洲国家，也能够为中国未来科学素质培养发展提供非常多的借鉴。

一　课程标准与政策文件对科学素质的要求

在 1910 年沦为日本殖民地后，朝鲜半岛在 1945 年取得了主权独立，并在 1950 年爆发朝鲜战争后，1953 年达成朝韩停战。韩国在 20 世纪 60 年代后经历了经济上的飞速发展，成为发达资本主义国家。"二战"后的韩国十分注重科技在国家发展中的重要作用，这一价值体系也贯穿到韩国的教育目标当中。

韩国的学制为小学 6 年、初中 3 年、高中 3 年，自朝韩停战后普及 6 年制小学义务教育，并于 20 世纪末正式普及了 9 年制义务教育。韩国是一个十分重视教育的国家，政府在教育领域投入了大量财政支持。自 20 世纪末起，韩国就提出了教育要以学生为中心，注重发挥学生作为学习者的主观能动性，培养具有完备品格和独立生活能力的良好社会公民，为建设国家和实现人类繁荣发展做出贡献。结合韩国对于科技和教育的综合投入，能够看到韩国教育部门对于发展学生科学素质的高度重视。依照科学素质当中"对科学概念的理解""科学思维的能力""应对日常生活和社会""解决问题的决策能力"四个方面的拆解要素，本模块将从韩国课程标准与政策文件的角度入手，来明确教育部门对于学生科学素质培养的要求。

在科学学科的授课上，韩国与中国的情况基本相似，即在小学阶段不分科目，统一以"科学"课程执行，从初中和高中阶段开始，划分为生物、物理、化学等不同的科目进行单独授课。因此在这一部分内容中会将韩国课程标准与政策文件拆分为小学科学和中学科学两部分分别进行描述。首先是小学科学课程部分，韩国教育部于 2018 年对课程标准进行了修订，并颁布了《小学教育过程（2018 – 162 号）》（초등학교 교육과정 2018 – 162）文件，在这一文件中对"科学"学习进行了如下描述：

> 科学是指向所有学生理解科学的概念、拥有科学探究的能力和态度、能够应用科学创造性地来解决个人和社会问题，且培养科学素质的一门课程。在科学学习中，学生要在与日常经验相关的环境中学习科学知识和探究方法，培养科学素质，使学生能够认识到科学与社会之间的正确关系，并成长为理想的民主公民。
>
> 科学的内容系统地构建了"运动与能量""物质""生命""地球与宇宙"等领域的核心概念，并确保核心概念和科学探究在学校级别与年级和地区之间建立联系。此外，小学还应当能够将能源和生活等内容作为一个综合主题进行教授，而在中学阶段逐步涉及科学和我的未来，灾难、灾害和安全，以及科学技术和人类文明等。
>
> 科学要实现各种以探究为中心的学习。此外，通过对基本概念的综合理解和探索，培养科学思维能力、科学探究能力、解决问题的能力、交流能力、参与和终身学习能力等科学核心能力。

从上面的文字中可以看到，韩国对于学生的科学素质培养要求是十分外显化的。这一点与新加坡的案例情况非常相似。再结合中国目前的标准文件来看，能够发现亚洲地区国家对于"科学素质"的强调是整体外化的，这与欧洲国家的话语体系是具有明显区别的。从小学阶段的课程标准中可以看出，政策文件中直接提及了"培养科学素质"的说法，更是在科学素质具体要求解读上涵盖了"核心概念理解""科学探究能力和科学态度""应用科学解决个人和社会问题""成长为理想公民"等要求，而这些方面的要求与研究对"科学素质"的解读是一一吻合的。这种与科学素质高度一致的国家科学教育目标指向在各个案例的教育文件中表现是非常突出的。

此外，《小学教育过程（2018 - 162 号）》文件中还提到，韩国小学科学的目标是通过对自然现象和物体的兴趣探索，理解科学基本概念和培养科学思维能力、创造性解决问题的能力，让学生能够具备终身学习的能力培养学习自主性。这些内容的表述事实上也是直指科学素质的目标要求的。在标准文件中对相关要求的明确强调，可以非常有效地指导小学阶段的实际教学工作和活动开展。基于对韩国小学阶段课程标准的理解，可以继续观察中学阶段对于科学素质的要求。

同样是在 2018 年，教育部也一并对中学阶段的课程标准进行了修订。例如教育部颁布的《高中教育过程（2018 - 162 号）》（고등학교 교육과정 2018 - 162）文件于开篇便提到了高中阶段的教育目标为"基于对人文、社会、科学技术素质和各种文化的理解来培养能创造新文化的品质和态度"。可以看出，韩国宏观教育目标中也借鉴了科学素质的概念表述，成为引领高中阶段学生培养工作展开的重要导向内容之一。而在随后各个学科的教学要求中，文件也对其进行了具体的说明。以其中物理学科为例，《高中教育过程（2018 - 162 号）》中有如下的描述：

"物理 I"是基于从小学"科学"到高中"综合科学"的物理领域所涉及的基本概念，系统地理解自然现象的课程。每个单元的内容旨在通过以先进的科学技术和现实生活相关的主题为中心，来理解和应用物理学的基本概念。通过学习单元内容的过程，学生将培养 21 世纪生活所必需的科学思维能力、科学探究能力、解决问题的能力、科学传播

能力、科学参与和终身学习能力等科学核心能力。

上述内容与《小学教育过程（2018 - 162 号）》中对科学的描述具有一定的共通性，它同样强调了学生在学习过程中应注重对重要科学概念的理解、思维能力、科学探究能力、问题解决能力的养成等一系列具体的科学素质培养要求，并提出了 21 世纪生活技能和科学核心能力的概念。整体上看，它也直接指向了培养学生成为良好的公民，更好地在社会中生活的要求。可见对于韩国的课程文件，无论是低年龄段的小学还是高年龄段的高中，整体具有很好的要求连贯一致性。

此外，教育部还曾于 2015 年颁布了《文理科综合性教育过程总纲要》（以下简称《纲要》）。在这份《纲要》中曾提出，"新课程旨在从根本上改革我们的教育，使学生能够发展人文、社会和科学技术方面的基本素质，并培养出具有想象力和科技创造力的创意融合型人才"。由此可见，在韩国的教育改革中，科学素质的培养始终位于非常上位的引领地位。在各个年龄层、各个时期的课程修订过程中，其均为一个不可替代的重要概念。

课程标准和政策作为导向性的文件，对于教育教学的实际实施具有重要作用。无论是从外显化的科学素质的要求，还是从小学到高中年龄段的一致性，再到对未来社会发展人才培养的要求上，都能够体现出韩国在青少年科学素质培养上的高度重视。因此从该模块来看，韩国的整体表现是非常突出的。

二　科学素质发展项目

在课程标准与政策文件的引领下，韩国积极参加了国际上举办的各类科学素质测评活动，并在本国国内开展了一些提升青少年科学素质的培养项目。在国际大型的科学素质测评项目上，韩国多年来一直持续参加 PISA 与 TIMSS 的测评，并在测评当中取得了非常优秀的成绩。以 PISA 成绩为例，韩国在 2009 年以 538 分的成绩排名第 6 位，2012 年则再次以 538 分的成绩排名第 7 位，2015 年以 516 分的成绩位列第 11 名，成绩仅次于当年的中国大陆。

从 PISA 成绩上看，韩国的表现相对突出且基本保持稳定，然而在近年还是出现了小幅度下降。韩国充分认识到这一现象，并针对 PISA 成绩进行了分析。首先根据测试结果，低排名学生的人数增加到 15.4%，并且 2012 年保持个位数的低排名学生人数突然翻了一番。其次，韩国青少年在测评中表现出性别上的差异，男学生的成绩更不理想，在科学科目中分数低于女学生。韩国针对这一现象开展了研究活动，以期从中发现导致排名下降的主要原因。结果显示在参评的 70 个国家和地区中，韩国是学习兴趣度最低的国家之一，此外调查还发现韩国学生对科学的喜爱程度很低。有研究者指出，2015 年科学评分表现相比于 2012 年下降了 8 个百分点，这其中的原因就与科学兴趣有关，而这种对科学学习的兴趣影响了学生的科学成绩表现。韩国学生在科学方面的学习兴趣远低于 OECD 的平均水平，有 53.7% 的受访者回答对研究科学感兴趣，低于 OECD 平均值的63.8%。

相比于 PISA 成绩，韩国在 TIMSS 上的表现更加优秀。在 TIMSS 科学学业成绩测评中，韩国在 2007 年参与了八年级学生测试，最终以 553 分排名第 4，与排名第 3 的日本仅相差 1 分，位列新加坡与中国台北之后。2011年，韩国同时参与了四年级组和八年级组的测评，其中四年级组以 587 分的成绩取得了全球第 1 的排名，八年级组则以 560 分位列新加坡和中国台北之后，总排名第 3 位。2015 年，韩国再次参与了两个年级组的测评，其中四年级组以 589 分排名第 2，仅以 1 分之差略低于排名第 1 的新加坡，而八年级组则以 556 分的成绩排名第 4，位于中国台北之后。可以发现，韩国在TIMSS 测评中的表现是非常突出的，不仅始终排名全球前五，四年级组的学生还取得过全球第 1 的优异成绩，足见韩国青少年在科学学业水平上的优势。

除 PISA 及 TIMSS 外，韩国也连续多年参加了国际科学奥林匹克竞赛，并在竞赛中表现非常优秀。表 3－7 中以生物、物理、化学三个科学学科的竞赛成绩为例，对近几年来韩国所取得的成绩进行呈现。

表 3 - 7 韩国国际科学奥林匹克竞赛成绩

竞赛科目	成绩表现
国际生物奥林匹克 (The International Biology Olympiad)	2015 年 2 金 2 银、2016 年 2 金 1 银 1 铜、 2017 年 2 金 2 银、2018 年 3 金 1 银、 2019 年 4 金
国际物理奥林匹克 (The International Physics Olympiad)	2015 年 4 金 1 银、2016 年 5 金、 2017 年 5 金、2018 年 4 金 1 银、 2019 年 5 金
国际化学奥林匹克 (The International Chemistry Olympiad)	2014 年 1 金 3 银、2015 年 4 金、 2016 年 3 金 1 银、2017 年 2 金 2 银、 2018 年 3 金 1 银

从表 3 - 7 可以看出，韩国在选拔科学学科尖端人才的奥林匹克竞赛中也有非常突出的表现，三门学科在最近 5 年内的每一年中都能获得金牌。特别是在生物学科中，韩国曾有学生取得过全球第 1 的成绩，而物理竞赛更是在多年蝉联奖牌榜的前 3 名，整体表现仅次于中国大陆。值得一提的是，韩国的竞赛成绩还在近年来呈现上升趋势，特别是 2019 年的生物和物理两门学科奥林匹克竞赛中，参赛的 4 名及 5 名学生全部获得金牌。这在全球范围内都是顶尖的表现。

上述各类国际竞赛中的表现均证实了韩国科学教育所取得的成效。除这些国际竞赛与测评外，韩国在国内也组织了一系列与青少年科学素质培养相关的科学活动项目，来提高学生的科学素质水平，吸引学生参与科学学习的兴趣。现以"融合人才（STEAM）教育开发项目"和"富川科学讨论大会"为例进行简单说明。

在 PISA 中得到的调查结果显示，韩国传授式教学和死记硬背的课堂教学是导致学生学业成绩高，但学习兴趣低的一个重要原因。灌输式、记忆式的教学方法可以提高学生在课堂当中的考试成绩，但却没有办法改变学生学习科学动机和兴趣低下的情况。为了改变这种局面，韩国在美国提出的 STEM 教育基础上加入了艺术（Art）成分，形成了本国的融合人才（STEAM）教育开发项目，以期通过艺术教育与科学教育的结合，培养融合型人才。

　　以往韩国的学校教育是将系统的知识由教师传授给学生，教师通过教科书，将大部分概念直接解释给学生。而 STEAM 教育项目则通过由学生自己发现、解决问题的过程，利用所学的科学知识进行思考，鼓励学生主动领悟知识。该理念的出发点，是认为面对未来社会的挑战，学生需要的不是"知识的记忆"，而是能够"运用知识的能力"。而 STEAM 的主要目标就是提高学生对科学技术的理解，通过 STEAM 教育培养学生对科学技术领域的兴趣，吸引越来越多的学生在未来选择与科技和工程相关的专业与职业，强化本国在科学技术领域的综合实力。

　　STEAM 教育项目由"创设情境""创新设计""感性体验"三个主要部分组成，通过为学生创建学习的情境，让学生从中发现并提出问题，然后以创新设计环节来培养学生解决问题的能力，最终对这一过程建立感性化的体验，以便在未来迎接其他新的挑战。为保障项目顺利实施，韩国提供了适用于各个年龄段的 STEAM 教育教学平台，供青少年和教师使用。在项目实施的 5 年中，整体取得了非常不错的成效。

　　通过融合人才（STEAM）教育开发项目的实施，韩国青少年对科学学习的兴趣有所提高，特别是初中阶段的学生对科学领域的就业意识有了很大提高，自主学习的能力也有所提升。在实施的过程中，还使得教师和学生之间的关系变得更加亲密，同时提升了教师的专业素质。家长认为，学生在参与 STEAM 教育后自身问题解决能力得到了显著提高，在情绪心智上也变得更加成熟。总而言之，各方都对 STEAM 教育产生了高度的认同感，希望能够继续坚持 STEAM 教育的实施。为确保项目计划的顺利开展，韩国教育部还组织了各种教师培训，将 STEAM 教育的理念传递到课堂教学，取得了较好的效果。

　　除融合人才（STEAM）教育开发项目外，韩国京畿道富川教育支援厅还于 2018 年举办了"富川科学讨论大会"。富川科学讨论大会的举办初衷是发现探索问题，培养学生创意性解决问题的能力。在这次大会活动中，辖区内 168 名初中生、高中生不分年级，以两人为一组合作参加科学探索项目。在该平台上，42 组小学生、22 组中学生、20 组高中生还展开了热烈的讨论，他们互相讨论、沟通交流，并通过合作的方式来解决问题，打造新的科学探索文化，成为培养自我主导能力和创意性解决问题能力的重要活动。

富川教育支援厅科学教育负责人表示，各学校通过科学讨论的活性化，建立了"充满疑问、想象愉快学习"的教室，会议项目也希望尽全力来支援培养所有学生的创意性问题解决能力，帮助科学素质教育活动顺利展开。而参与这一活动的学生们则表示，为了解决问题和朋友们一起互相交换意见、讨论，这种方式增强了他们的团队精神，合作学习科学的方法也受到了青少年的喜爱。

在该模块的内容中可以看出韩国在国际测评中的表现非常突出，很多排名都处于全球领先位置。而本国也会根据这些测评结果进行及时的反思，找寻其中存在的问题，并针对这些问题开展有针对性的科学素质培养活动。例如针对韩国学生对科学学习兴趣不足的问题，展开了各种致力于提高学生学习兴趣、促进学生主动学习的科学活动，显示出韩国教育部门对青少年科学素质发展的高度重视。

三 非正式教育组织信息

博物馆、科技馆以及一些校外的非正式教育组织机构也是韩国培养青少年科学素质的重要场所，在全民科学素质提升中起到了至关重要的作用。特别是韩国面对全国青少年科学学习以考试为导向，压力大、兴趣低的现状，这些脱离正式教育环境的非正式教育组织机构的活动就具有更重要的意义。这些场所的活动可以有效增加学生对科学学习的兴趣与热情，创设机会来让学生体验科学融入社会、融入生活的感受。韩国的国土面积有限，人口密度也相对较大，经济发展水平不平衡，贫富差距显著，因此韩国很多非正式教育机构在数量上并不占优势，然而在组织活动上却非常用心。在这一部分内容中，将选取韩国几个典型的非正式教育组织，以及他们所举办的各类青少年素质提升活动，分别展开简要介绍。

在科技馆部分，韩国的代表性机构为国立中央科学馆。科学馆通过参与和交流来探索科学技术，并为未来科学教育做好准备。国立中央科学馆是收集、展示科学原理与技术的科学馆，也是一个承认科学技术的过去和现在、共同构想未来的科学和文化空间。国立中央科学馆的主要职能有三个。首先是举办各类活动竞赛，例如国家科学博览会、全国学生科学发明竞赛等；其次是承担青少年教育工作，协助学校开展科学教育、科学露营、科学讲座等活动；最后是科普，针对学生和普通大众创设数学体验展、传统科学队、科学日等科学普及活动，以期提升全民的科学素质水平。此外，韩国的一些博物馆也在这一工作中贡献了重要价值（见表3－8）。

表3－8 韩国部分博物馆简介

名称	简介
生命科学博物馆	为扩大科学文化基础,促进生命科学专业化,韩国国内首个生命科学博物馆于2006年开馆了。该博物馆致力于让学生正确理解人体、动物、植物、昆虫及微生物,同时还利用尖端实验机器,帮助学生科学探索基因和生命现象。博物馆常年举办各类生物活动,如基因探索、利用3D显微镜观察生命体、通过200年前的古代显微镜了解显微镜的发展历史、探索通过活龟实现物种多样性的重要性、观察两栖类祖先原始肺鱼、探索受人喜爱的伴侣动物、世界多种昆虫标本展示、体验温室里的特殊植物以及利用科学仪器的体验活动等
微科学博物馆	微科学博物馆是韩国国内首家显微镜专业科学博物馆。博物馆内馆藏包括了历史上和现代的多种微细科学仪器,参观者可以体验其发展历史并进行观察,感受皮肤及人体、动物、植物、昆虫等许多肉眼看不见的世界。博物馆内活动包括显微镜的历史与探索、镜片的特性和水滴放大镜、利用3D显微镜进行立体标本观察、通过显示器显微镜观察长期标本、通过位相差异显微镜观察血球细胞、观察人体口腔细菌、观察使用生物制剂的皮肤表皮、观察利用显微镜投影器的昆虫微结构、原生生物显微镜观察、探索纸币的秘密、探索特殊显微镜等

相比于其他案例中很多博物馆承担科技馆的职能，举办各种室内外的科学素质探索活动而言，韩国的科技馆和博物馆职能分工相对明确，博物馆除承担展览工作外，主要为面向公众科普相关的科学知识与科学史。除上述两类机构外，韩国还有一些非正式教育机构致力于举办各类别具特色的科学相关项目。这其中包括IBS科学夏令营以及韩国未来财团青少年校园等。

IBS科学夏令营由韩国基础科学研究院院长吴世正建立，尝试在校外结合家庭来培养学生对科学的理解和兴趣。2013 年夏令营在韩国大田举行了为期两天的"与家人一起的 IBS 科学"活动，将户外露营和科学项目相结合，得到了参与者的好评。这次活动在 200 多个家庭的 1000 多名申请者中，选拔出共计来自全国各地的 40 个家庭 160 多名参与者。在活动中，青少年能够与家人一起在大自然中进行科学体验，通过发现科学原理，开启寻找答案的旅途，感受科学夏令营的新乐趣。与此同时，由韩国未来财团创办的青少年校园也同样致力于青少年的科学素质培养工作。青少年校园会在暑假期间开展各类活动，例如与江华地区儿童中心的学生们一起参与科学野营活动。科学野营活动旨在让学生在假期中了解广阔的世界，学习相关的科学知识，进而产生对未来科学世界更大的梦想与抱负。参加夏令营的约 30 名儿童将分别参加轻松有趣学习科学的"实验室"，以及能亲自制作环保汽车的"工作坊"，体验汽车中的科学原理，等等。

依托上述主要的校外科学素质培养机构，韩国开展了一些能够促进青少年科学学习兴趣提升的科学相关活动，鼓励学生参与到科学学习的过程中。表 3 - 9 以其中依托国立中央科学馆等机构开展的两个简单的小活动为例进行介绍。

表 3 - 9　韩国校外机构科学素质培养活动概况

活动项目名称	简介
青少年科学日	青少年科学日为国立中央科学馆组织举办的活动，其目的是让全国的青少年学生通过活动启发创造力，培养对科学的探索心，以及从小就能灵活利用自然条件的力量。在青少年科学日中，青少年及家庭以科学为主题，亲自体验并享受多种项目的"科学庆典"，每年都会有 4 万多名来自全国各地的小学生、中学生、大学生及其家人参加。国立中央科学馆表明，举办该活动的宗旨是"希望通过科学日成为全体国民轻松理解科学，满足好奇心的契机，特别是希望正在成长的青少年能够成长为未来的科学人才"
知识匹克活动（Knowlympics）	知识匹克活动是 2017 年家庭科学庆典上举行的一个比赛类活动，在活动中学生既能了解科学原理，又能享受游戏的乐趣。所谓"知识匹克"是知识（Knowledge）和奥林匹克（Olympics）相结合的单词，活动运用科学实验进行游戏，参与比赛。游戏以接力的形式通过 5 个项目展开，活动专家认为，学生生活中科学的力量是无处不在的。不仅是基础科学，基因工程、信息通信等科学技术对生活也产生了很大的影响。因此活动希望父母能够与孩子一起参与活动，让他们喜欢学习科学。但现实中很多学生因对科学学习的盲目恐惧而逃避科学。专家指出，对于克服恐惧，亲自触摸和体验是最好的方式

上述案例中展示出的韩国非正式教育机构设置和活动组织情况都是非常用心的，无论是从主题还是内容形式上都非常多样化，例如在机构设置上会开设很多特有主题如微科学、生命科学主题的博物馆，而在活动上则会有各类科学教育活动、科学讲座、动手实践活动、夏令营、知识竞赛等。这些活动非常注重合作学习，其中包括让学生组成小组来完成科学探索，或引导家长和青少年一起参与以家庭为单位的科学学习。这些场所为青少年提供了大量的学习科学、应用科学的机会，能够有效地起到科学普及的作用。

前文提到，韩国本土通过对青少年的调查研究后，深刻地认识到本国青少年在课堂当中学习考试压力大，从而出现的对科学学习兴趣低下甚至是厌倦的现象。这种兴趣的降低使得学生主动学习科学的积极性大大减弱，并直接影响了学生的科学学习效果，甚至愿意在未来从事与科学相关的职业的学生比例也逐渐降低，这对于以科技创新为主要发展特色的韩国来说，是未来科技发展所面临的一个非常致命的问题，这个问题也引起了韩国教育部门的高度关注。相比于强调考试考核、概念传递和记忆的课堂正式教育环境来说，非正式教育机构恰恰是提高学生科学兴趣的关键场所。韩国积极利用这些现有设施开展的各类科学素质培养活动，将学生科学学习兴趣放在了至关重要的位置上，以期能够让学生在科学活动的过程中重拾欢乐，找到主动学习科学的意愿。大量活动一经公开后受众非常广泛，且大多数活动均在全国范围内开展报名，力求让每一位青少年儿童都获得参与体验的机会。从这一点上来看，韩国发现本国科学素质培养问题的视角是非常敏锐的，在问题解决的过程中也突出重点。

四 学校及团体的科学素质实施案例

在韩国科学素质培养的实施案例模块中，选取了韩国的弘城文化小学（或翻译为红星培养小学）在本地开展的科学素质类校园活动为例，来了解韩国在实际一线教学中的表现。与中国的基本情况类似，韩国的教育升学模式也采用了 6 – 3 – 3 – 4 的阶梯式学制，但与中国略微不同的是，韩国在学制晋升的过程中主要按照所居住地域的范围来划分，并没有中国较大的小升初、初升高的竞争压力。因此韩国的基础教育阶段，特别是韩国小学阶段能够有较多的时间来完成除科学概念传递外的科学素质培养活动。由于官方语言条件限制，在此仅对案例做一个相对简要的说明。

弘城文化小学的校长非常重视本校学生的科学素质培养。在其担任校长期间，积极利用校园环境资源为学生开展各类科学活动和竞赛。2015 年，学校将科学教师、图书馆、授课教室和学校操场等环境相结合，为学生举办了一场青少年科学探索大赛。大赛的宗旨是以提高学生的科学学习兴趣为引导，通过设置各类能够让学生轻松愉快参与的活动，来提升青少年整体科学素质水平。活动的实施成功吸引了在校学生的参与积极性，培养了学生的科学创新与探究能力，为引领智能社会提供了平台，同时也为培养未来科技人才做出了积极贡献。

青少年科学探索大赛分为低年级组和高年级组两部分分别进行，比赛项目结合了科学与艺术、科学与技术，以及利用电气和电子工程等各类基础知识，在普及科学学习的过程中针对给定的特定科学问题，组成电子电路、电子通信、机械工程等不同的小组，分工协作最终完成任务，解决问题。活动划分为四个大模块，指向火箭构造、飞行原理、航空航天等部分。参加科学探索大赛的学生需要充分了解自身的知识基础和能力，结合自身的兴趣来选择最适合自己的竞赛项目。对于这些尚未接触大量科学知识的小学生而言，参与电子通信等这类比赛是非常困难的，他们会面对很多陌生的术语和复杂的问题，而学生需要在解决问题的同时，发挥自己主动学习和信息探索的能力，在学习过程中去完成任务。

活动最终取得了非常满意的效果。在最终的成果展示阶段，航空航天组的参与者们带着自己小组自制的"水上火箭"在校园内进行发射，每次演示都引发了同学们的惊叹，极大地吸引了学生们对科学探索的兴趣。而在这次探索大赛的引领下，学校还为学生准备了日常化的科学节活动，来为学生营造一种良好的科学社会氛围。

弘城文化小学的领导层指出，通过科学探索类活动竞赛的实施，能够培养学生的好奇心和探究精神，吸引他们主动学习科学的兴趣及注意力。在这样的基础上，这些孩子在未来就很有可能去从事与科学技术相关的职业，成为科学家造福于韩国的未来。事实上，通过这样的案例不但能够看出科学学习兴趣对青少年科学素质培养的重要性，同时也可以看出学校领导教师发展和校园建设的领导力和教育理念，也是引导基础教育中科学素质培养发展的重要影响因素。

通过上述四个方面的综合内容，能够看出韩国在青少年科学素质培养上是一个优点和问题都相对鲜明突出的国家。它在科学测评上呈现的优异成绩，与其国内学生在科学学习上的低兴趣所形成的反差，是非常值得研究者思考的现象。可以想见，这样的现象在一些人口众多、学生竞争压力大的国家和地区中也必定存在。而韩国针对现状所采取的措施手段，也非常值得类似国家和地区加以借鉴。

第三节　中国大陆

中国作为国际上科学教育领域表现活跃的国家之一，在小学、初中、高中三个学习阶段都十分重视对学生科学素质的培养。在近几年里，中国陆续开展了各个学段的课程改革，对课程标准及教材进行了修订，其中各个学科也分别将科学素质所要求的内容作为改革的着眼点之一。无论是从国家政策对于科学素质的要求，还是从博物馆、科技馆等校外机构对学生的培养上，中国始终都强调培养学生自主学习和科学探究技能、科学的思维习惯以及应对和解决问题的能力。在接下来的篇幅中，将重点对课程标准与政策文件、科学素质发展项目、非正式教育组织信息以及实施案例四个大方面进行详细说明。

一　课程标准与政策文件对科学素质的要求

中国地域面积辽阔，人口众多，具有非常悠久的历史文化。在广阔的地域面积上，地形、气候、植被、动物种类多种多样，为科学教育的开展提供了得天独厚的优势。也正是由于幅员辽阔的特征，中国呈现各地区在经济、教育等方面发展不均衡、资源配置向大城市集中的特点。中国教育采取小学6年、初高中各3年、大学4年的基本模式，其中针对高中以下实施9年义务教育。国家在教育上每年投入大量的资金，并建立起数所国际知名大学。

作为核心素养的重要组成部分，科学素质与社会主义核心价值观紧密相连，是当前时代中国社会发展需求的具体反映。近年来陆续开展的课程改革都不断地强调学生科学素质的重要地位。在中国的课程改革中提到了"核心素养"的定义，例如2017年修订的《普通高中课程方案（2017年版）》提出了提升学生综合素质，着力发展学生核心素养，使学生成为有理想、有本领、有担当的时代新人这一青少年培养的目标。中国对于学生培养的总目标是使学生成为"全面发展的人"，基于这一核心划分出文化底蕴、自主发展以及社会参与三个方面的指向（见图3－1）。

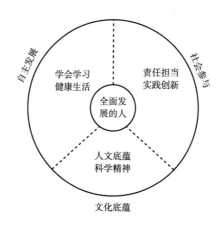

图3－1　"全面发展的人"培养总目标

核心素养在文化底蕴、自主发展及社会参与三个方面都提出了具体的要求，以此三方面划分了六大素养共计18个基本要点。分别来看，文化底蕴部分主要强调在人文和科学领域掌握必要的知识与技能，能够运用人类优秀的智慧成果，包括人文底蕴和科学精神两部分。其中与科学素质相关的主要为后者，即能够以科学家的视角，运用科学的思维态度和习惯来处理科学知识，掌握基本的科学技能与技巧。自主发展方面主要强调学生能够有效管理自己的学习生活，实现自我价值进行人生规划，包括学会学习和健康生活，这一部分与科学素质相关的主要是运用科学知识来解决日常生活中遇到的问题，更好地、更健康地生活。最后在社会参与部分，明确人作为社会公民应当有效处理与社会的关系，加强社会责任感，为社会更好更有序的发展贡献力量，包括责任担当与实践创新两个要点。这一部分也是与科学素质密切挂钩的一部分，强调学生应当具备实践与创新能力，积极参与社会话题的讨论，进而成为能够为社会做出贡献、参与社会事务决策的良好"公民"。

从这些总目标的角度上来看，中国所提出的核心素养是一个非常上位的定义，其内容涵盖了各个人文与科学学科教育对学生培养的整体目标。其中，科学学科承担了其应尽的培养义务，而这些指向科学学科的要求与框架中定义的科学素质要求是具有高度一致性的。无论是从小学科学课程，还是高中的物理、化学、生物学课程，自修订开始都越来越明确地提出了科学素质所强调的相关内容，并逐渐与之要求相靠拢。这在一定程度上确保了科学素质进阶的需求，在各个学龄段青少年培养的过程中保持连贯性。具体来看，各教学大纲中提出的具体教学目的，大多与科学素质四个大方向上的要求保持一致。表 3–10 对小学阶段科学课程和初中阶段物、化、生三门课程中与科学素质相关的要求部分进行简要描述。

表 3–10　中国小学、初中课程标准中科学素质相关内容阐述

学龄段	具体要求
小学科学	● 科学素质一般指了解必要的科学技术知识,掌握基本的科学方法,树立科学思想,崇高科学精神,并具备一定的应用它们处理实际问题、参与公共事务的能力。小学科学课程旨在通过探究式学习,保护学生对自然的好奇心,激发他们对科学的兴趣,帮助学生建立一些基本的科学概念,培养科学探究能力和科学态度,初步形成对科学的认识,从而有效地培养学生的科学态度

学龄段	具体要求
初中	●生物课程应培养学生参与社会、经济活动,生产实践和个人决策所需的生物科学概念和科学探究能力,包括理解科学、技术与社会间的相互关系,理解科学的本质,以及形成科学的态度和价值观等 ●物理课程以提高学生科学素质为宗旨,从课程基础性、实践性、时代性等方面提出课程基本理念,从"知识与技能""过程与方法""情感态度价值观"三方面提出课程目标。专家指出,科学探究学习方式是提高学生科学素质的一种重要而有效的途径,在设置义务教育物理课程的内容时,应将科学探究纳入课程内容 ●化学课程以提高学生的科学素质为主旨,激发学生学习化学的兴趣,帮助学生了解科学探究的基本过程和方法,培养学生的科学探究能力,使学生获得进一步学习和发展所需要的化学基础知识和技能,引导学生认识化学在促进社会发展、提高人类生活质量方面的重要作用,通过化学学习培养学生的合作精神和社会责任感,提高未来公民适应现代社会生活的能力

在中国小学科学和初中各科学学科的标准要求中,能够较为明显地看到科学素质这一概念在国家标准中的外显化。综观这几门课程中提到的科学素质,内容均涉及了"科学概念""科学探究能力""科学本质""合作与社会责任感""态度和价值观"等重要的概念,可见在青少年培养上,理解记忆科学概念已经不再是科学课程的首要目标,科学素质所强调的几大方面已经纳入了各阶段课程教育的重要目标中。当然,除小学、初中阶段外,2017年刚刚完成的高中课程改革中,几大科学学科也分别提出了"学科核心素养"的概念,并将其视为重要的课程目标。

关于学科核心素养与核心素养之间的关系,不同学者给出了不同的解读。一般来说,这两套素养体系之间是相对独立的,但是又呈现上下位相互依存的关系。学科核心素养在核心素养的总框架下具有其重要的定位,其能够有效深化课程改革。作为学生发展科学素养之下贴近科学的下位概念,学科核心素养是学生整体核心素养培养的重要组成部分。特别是对于一线教师而言,学科核心素养的建立能够帮助教师更好地理解核心素养对于学生培养的整体要求,成为各个学科分别制定教学目标时更为直接的参考依据。

高中阶段的几大科学学科所提出的"学科核心素养"在本学科的课程标准中占据重要地位。其中，物理学科核心素养强调了"物理观念、科学思维、科学探究、科学态度与责任"，化学学科强调了"宏观辨识与微观探析、变化观念与平衡思想、证据推理与模型认知、科学探究与创新意识、科学态度与社会责任"，生物学学科强调了"生命观念、科学思维、科学探究、社会责任"。除去本学科特有的观念和知识要求外，事实上各学科在诸如科学思维、科学探究以及社会责任方面的要求是学科互通的，其在具体解释过程中具有一定的相似性（见表3–11）。

表3–11　中国高中课程标准中科学学科核心素养共有部分阐述

模块	具体要求
科学思维	尊重事实和证据，崇尚严谨和务实的求知态度，运用科学的思维方法认识事物、解决实际问题的思维习惯和能力。科学思维是对客观事物的本质属性、内在规律及相互关系的认识方式，是基于经验事实建构模型的抽象概括过程，是分析综合、推理论证等方法在科学领域的具体运用，是基于事实证据和科学推理对不同观点和结论提出质疑和批判，进行检验和修正，进而提出创造性见解的能力与品格。具有证据意识，提出可能的假设，通过分析推理加以证实或证伪，建立观点、结论和证握之间的逻辑关系
科学探究	基于观察和实验提出问题、形成猜想和假设、设计实验与制订方案、获取和处理信息、基于证据得出结论并做出解释，以及对科学探究过程和结果进行交流、评估、反思的能力。学生应在探究过程中，逐步增强对自然现象的好奇心和求知欲，掌握科学探究的基本思路和方法，提高实践能力；在探究中，乐于并善于团队合作，勇于创新
社会责任	能够参与个人与社会事务的讨论，做出理性解释和判断，解决生产生活中遇到的问题的担当和能力。学生应具备造福人类的态度和价值观，关注社会议题，参与讨论并做出理性解释进行决策，辨别迷信和伪科学。能够结合本地的相关资源开展科学实践，尝试解决在现实生活中遇到的问题，遵守道德规范、节约资源、保护环境并具备认可推动可持续发展的责任感，崇尚健康文明的生活方式，成为健康中国的促进者和实践者

通过对比框架中对科学素质的要求，以及学科核心素养之间的基本要点，可以发现这二者之间存在相当高的一致性。其中各个学科所特有的物理观念、变化观念与平衡思想以及生命观念等要求直接指向本学科核心概念知

识的掌握，对应了科学素质中提到的理解科学知识的第一部分要求。而学科核心素养的上述三个共通的要求，则主要完成了核心素养框架中"科学精神""社会责任""实践创新"这三个基本要点，这一部分与科学素质中余下的三个部分要求具有高度的一致性。因此从整体上看，青少年科学素质培养是非常有效地完整贯穿于中国课程标准文件中的。

中国高中生物学、物理、化学三门学科的课程标准分别以独立章节对各学科的核心素养进行了详细阐释，这也确保了前文所说的从小学阶段到高中阶段对于科学素质培养要求的连贯一致性。中国在青少年科学素质教育的政策标准制定方面是相对成熟而完善的。一方面它充分借鉴了国外先进的教育理念，将科学素质的概念引入国内并进行了分析和解读；另一方面它又充分结合了本国的国情，对这些理念进行了修改和完善，形成了具有本国特色的学科核心素养概念体系，有利于本土化的青少年培养。从这些理念中，也可看出中国科学教育逐渐从对概念事实知识的理解，转为对科学技术和思维的掌握，以及对生活中问题的处理能力和社会责任感的养成。可以预见，国民科学素质水平将会稳定处于提升过程中。

二　科学素质发展项目

中国多年来一直积极参与国际上的各类科学素质测评项目，以期了解本国青少年儿童在国际上的科学学习表现情况。其中最重要的成果是参与了OECD组织的国际学生评估项目PISA，并在该项活动中取得了不俗的表现。

中国自2009年起作为发展中国家参与到PISA的测评当中，并于2009年派出上海代表队，以575分的成绩直接取得了全球第1名。2012年再一次参评，最终以580分的成绩再次排名第1。2015年，中国大陆地区派出了北京－上海－江苏－广州联合代表队，最终获得了518分的成绩，而排名下滑至第10位。2018年则再次以590分的成绩回归第1名的位置。而在这些年的PISA测试中无论成绩与排名如何，均大幅超过OECD的平均水平。

中国政府通过PISA测评对本国的科学教育情况进行了深入的反思。

2015 年的排名下降幅度较大，甚至低于中国澳门、台湾及香港地区，一个重要的因素是样本的区别，从上海地区转换成四市联合样本。而在联合样本中，上海的城市学生比例是远远高于四市联合学生的城市比例的。这种样本成分的变化帮助中国快速明确了地域差异所造成的教育资源分配不均、水平表现差异化的现状，这在一定程度上也推动了后续几年中国科学教育的研究走向。除 PISA 外，中国学生也积极参与了国际科学奥林匹克竞赛活动。在生物学、物理、化学三个学科竞赛中，中国学生均取得了非常瞩目的成绩（见表 3 – 12）。

表 3 – 12   中国参与国际科学奥林匹克竞赛成绩

竞赛科目	成绩表现
国际生物奥林匹克 （The International Biology Olympiad）	2015 年 4 金、2016 年 4 金、 2017 年 3 金 1 银、2018 年 4 金、 2019 年 4 金
国际物理奥林匹克 （The International Physics Olympiad）	2015 年 5 金、2016 年 5 金、 2017 年 5 金、2018 年 5 金、 2019 年 5 金
国际化学奥林匹克 （The International Chemistry Olympiad）	2014 年 2 金 2 银、2015 年 4 金、 2016 年 4 金、2017 年 3 金 1 银、 2018 年 4 金

从奥林匹克竞赛成绩上看，中国学生在历年都能取得非常优异的成绩，特别是金牌数量遥遥领先。中国在上述国际竞赛中十分优异的成绩印证了中国在学生科学素质培养方面取得了非常优异的成果。结合之前 PISA 测评所揭露的现象，可以初步看出中国学生在教育发达地区所表现出的科学素质水平是极高的，但是同样存在城乡差距大、资源分配不均的问题。这也在侧面说明中国有能力和水平推动全民科学素质的整体提升，但仍需要相应的政府政策和研究者引领。

除积极参与国际上的各类测评活动外，中国还面向全国的青少年儿童积极开展了其他相关的竞赛活动，希望能够让学生通过参与这些竞赛活动来考查、提升自身的科学素质水平。表 3 – 13 就中国举办的部分竞赛项目进行简单介绍。

表 3 – 13　中国国内部分科学素质竞赛项目简介

竞赛	主要介绍
全国青少年科技创新大赛	全国青少年科技创新大赛是一项面向全国中小学生和科技辅导员开展的综合性科技创新成果展示与交流活动,旨在激发青少年的科学兴趣和想象力,培养其科学思维、创新精神和实践能力,促进青少年科技创新活动的广泛开展和科技教育水平的不断提升,发现培养一批具有科研潜质和创新精神的青少年科技创新后备人才。赛事分为国家级竞赛和地方竞赛,由中小学生和科技辅导员根据每年竞赛规则申报项目参赛,赛事聘请专家评定优秀项目给予奖励,并组织优秀项目展示交流活动
中国青少年机器人竞赛	中国青少年机器人竞赛是一项面向全国中小学生开展的普及性科技活动,宗旨为激发青少年对工程和技术的兴趣,培养创新精神、工程思维、解决问题和团队合作能力,为青少年机器人爱好者搭建一个融合多学科知识和技能的学习、交流和展示的平台,促进机器人教育活动的广泛开展,推动机器人科学技术知识的普及
全国青少年创意编程与智能设计大赛	全国青少年创意编程与智能设计大赛旨在激发青少年对编程知识和智能设计活动的热情,促进青少年人工智能编程教育发展,为营造良好的人工智能文化生态,助力创新型国家建设,培养更多的人工智能后备人才做出积极贡献。大赛期间将举办一系列主题突出、内容丰富的青少年交流活动,包括人工智能科普体验、教师论坛、主题工作坊等,提供学习互鉴、交流沟通的平台
全国青少年电子信息智能创新大赛	全国青少年电子信息智能创新大赛是由中国电子学会于 2011 年设立的全国性青少年科普竞赛项目。大赛涵盖电子科技、智能机器人、软件编程三大类共 10 余个竞赛项目,目标在于培养青少年钻研探究、创新创造的科学精神,提升青少年在电子信息和智能应用方面的技术素养,培养学生实践创新意识与基本能力、团队协作的人文精神和理论联系实际的学风
明天小小科学家	"明天小小科学家"奖励活动是由中国教育部、中国科学技术协会、周凯旋基金会共同主办的一项科技教育活动,旨在培养青少年的创新精神和实践能力,奖励优秀的青少年科技爱好者,选拔培养具有科学潜质的青少年科技后备人才,激励广大青少年从小爱科学、学科学、用科学,鼓励热爱科学的青少年脱颖而出,同时引导社会各界关注青少年的健康成长,推动青少年科技教育工作广泛深入开展
全国中学生天文知识竞赛	全国中学生天文知识竞赛由中国天文学会主办,北京天文馆、中国天文学会普及工作委员会承办。竞赛宗旨是推动天文学基础教育,为全国热心天文学的师生提供交流平台,加强天文科普教育的国际交流与合作。竞赛内容为天文相关时讯、基本天文概念和常识、天文观测几部分。竞赛预赛为闭卷笔试,决赛包括闭卷笔试、望远镜操作、实地观星等

续表

竞赛	主要介绍
全国中学生科普科幻作文大赛	为响应国家繁荣科普科幻创作的号召,切实践行教育部竞赛活动管理的相关要求,中国科普作家协会主办了全国中学生科普科幻作文大赛。大赛宗旨为引导学生追求和探索科学的奥秘、培养科技创新精神和创新能力,搭建展现新时代高中生的科学素质、想象力、创造力与写作能力的平台,促进文学与科学的融合,繁荣科普科幻创作事业
全国青年科普创新实验暨作品大赛	全国青年科普创新实验暨作品大赛的宗旨为瞄准世界科技前沿,实现前瞻性基础研究、引领性原创成果重大突破,动员和激励广大学生参与科普创作,扩大科普活动的社会影响力,整合资源促进科学思想、科学精神、科学方法和科学知识的传播和普及,扩大科普活动的社会影响力。大赛重点关注前沿科学技术及科学教育理念的应用与普及,意在考察青少年"发现问题、解决问题及动手实践"的能力

通过表 3-13 可以看到中国开展了种类、数量众多的青少年科学素质培养竞赛活动,这些活动的目的相对统一,基本为在鼓励学生学习科学,提高对科学的兴趣的基础上,选拔具有科学才能的尖端学生,为国家未来科学技术发展储备力量,即引导学生在未来从事相关的职业。可以看出活动的目标指向是比较长远的,而相比于其他一些国家的项目来说,中国国内的竞赛项目更多地强调选拔集中的作用,这在一定程度上与国内人口密集基数大的现状有一定的关系。

除上述科学素质相关的竞赛活动外,中国还组织了很多其他青少年科学素质培养活动,鼓励学生参与到科学学习和创新的过程中。下面以其中的清华少年科学素质培训项目和全国青少年高校科学营为例,对这些项目活动进行简单的说明。

清华大学青少年素质提升中心集合清华大学计算机系、自动化系专家,北京师范大学儿童心理学专家,北京著名中小学科学课高级教师专门组建了专家组,推出了一套综合有机的系列培训项目——清华少年科学素质培训项目。清华少年科学素质培训项目集学生培训、教师培训、家长培训及学生测评、教师测评于一体,其中学生培训为整个体系的中心,教师培训、家长培训和水平测试是学生培训的保障。学生培训面向 5~16 岁的青少年展开,组

极其优秀的，不但在参与 PISA 测评时排名多次获得全球第 1，更是在科学奥林匹克竞赛中取得了多枚金牌，名列奖牌榜前列。与此同时，中国国内也依据科学素质的发展要求设置了丰富多彩的竞赛活动。在这些活动的表现上，中国呈现的一个重要特征是目的性明确，即重点关注尖端学生的选拔培养，着眼于未来科技人才的培育，有时一些竞赛活动的成绩也与学生未来学业发展挂钩。这一点是与其他欧美国家兴趣优先的策略稍有不同的，但同样都体现出国家对于青少年科学素质发展的重视。

三　非正式教育组织信息

不同于澳洲等国家人口的高度密集化，中国人口虽也呈现地域分布差异，但没有极其显著。借助地理优势，中国在几乎各个主要城市中都能建立一些科学素质的校外培养机构，并且所覆盖的青少年人口数量也是相当多的。其中，涌现出一大批国内甚至国际知名的科技馆、博物馆等设施，不但数量占优，在设施质量和所设置的活动表现上也是可圈可点的。

这一部分内容碍于篇幅限制，无法将全国范围内的优秀机构和组织一一列出，因此将选取其中几个教育相对发达的城市为代表，从中挑选部分在科学素质培养方面表现较好的机构，简要描述相关信息。其中作为科技教育最主要的校外场所，在科技馆部分选取中国科学技术馆、上海科技馆以及深圳少儿科技馆为例（见表 3 - 14）。

表 3 - 14　中国部分科技馆简介

名称	简介
中国科学技术馆	中国科学技术馆最早建于 1958 年，时称"中央科学馆"，后经历三期工程于 2009 年改建为中国科学技术馆新馆。新馆设有"科学乐园""华夏之光""探索与发现""科技与生活""挑战与未来"五大主题展厅，并设有多间实验室、科普报告厅及多功能厅。中国科技馆以科学教育为主要功能，通过科学性、知识性、互动性相结合的展览和参与体验式的教育活动，反映科学原理及技术应用，鼓励公众探索实践，不仅普及科学知识，还注重传播科学思想、科学方法和科学精神。在开展教育活动的同时也组织各种科学实践和培训实验，让观众亲身参与，加深对科技的理解和感悟，激发对科学的兴趣和好奇心，在潜移默化中提高科学素质

名称	简介
上海科技馆	上海科技馆主馆于 2001 年对外开放,以科学传播为宗旨,以科普展示为载体,围绕"自然·人·科技"的主题,设有生物万象、地壳探秘、地球家园、信息时代、机器人世界、探索之光、人与健康、宇航天地等 11 个常设展厅及 2 个特别展。结合中国古代科技和中外科学探索者浮雕长廊及科学影城,引发观众探索自然与科技奥秘的兴趣。上海科技馆的每个展区都是一个人们关注的社会话题,每个展品都是一个有趣的互动游戏。大到宇宙苍穹、小到细胞基因等科学基本原理和重大科技成果都能在这里得到生动形象的展示,让游人在休闲娱乐中得到启迪
深圳少儿科技馆	深圳少儿科技馆又称深圳市少年宫,于 2003 年挂牌并于 2004 年正式落成。该馆意在激发青少年潜能,培养学生的科技意识与艺术修养,依据科普教育功能建立了各种主题的科技展馆,包括能源天地、科普王国、美丽家园、走向太空、生命探索、信息世界、海底奇观七大主题。各主题展馆中还组织了一系列科普活动,包括良好习惯伴我成长、青少年科学艺术节、鹏鹏科学秀、青少年环保节等,同时馆内还设有球幕影院、少年宫剧场、VR 实验室等

相比国际上一些其他案例,中国的科技馆占地面积和规模都比较大,并且在场馆外观设计上都具有其寓意。例如中国科技馆形似鲁班锁,寓意探秘;深圳市少儿科技馆建筑则分别命名为"少年山"和"科学山",与其建馆目标相吻合。各个场馆也拥有其独特的建馆特色,中国科技馆为国内唯一的国际级综合性科技馆,其建馆描述中明确提及了该馆为"提高全民科学素质的大型科普基础设施",为广大青少年构建了科学的乐园,同时肩负引领全国范围内科技馆发展的重要任务;上海科技馆是国内首家通过国际质量环境标准认证的科技馆,同时也是国家 5A 级科普旅游景点;而深圳少儿科技馆则在 2005 年开始就成为国内首批免费面向公众开放的科技展馆,为科普真正面向每一位大众做出了重要的贡献。

当然,除以上述三个例子为代表的中国各大科技馆外,国内还存在一大批优秀的、以面向科技为主题的博物馆,在青少年科学素质培养上贡献了重要力量。表 3 - 15 中以北京自然博物馆、上海自然博物馆以及浙江自然博物馆为例进行简要介绍。

表 3 – 15　中国部分自然博物馆简介

名称	简介
北京自然博物馆	北京自然博物馆主要从事标本收藏、科学研究和科学普及工作。根据青少年心理特点开辟了互动式探索自然奥秘的科普教育活动场所,吸引了无数热爱自然的青少年参与。自然博物馆利用自身优势定期举办有特色的活动,帮助学生在欢乐轻松的氛围中探索自然,热爱科学。博物馆还组织北京市中小学生物知识竞赛,同时举办各类科普讲座、生物教师培训班、小小讲解员培训以及博物馆之夜、小军团生物夏令营等活动。馆内科普教育部门以展览、研究成果为基础设计形式各样的教育活动,以生动活泼寓教于乐的方式提供自然科学知识
上海自然博物馆	上海自然博物馆以"自然·人·和谐"为主题,通过演化的乐章、生命的画卷、文明的史诗三大主线,呈现了起源之谜、生命长河、演化之道、大地探珍、缤纷生命、生态万象等展区。教育活动面向 K – 12 及成人开放,活动类型包括讲解导览、探索者联盟、小小博物馆、探究课程、化石挖掘以及木偶剧等。博物馆结合已有资源衔接学校课程内容,自主开发的教育课程紧扣学生兴趣特点,涵盖了几乎所有学科门类。活动形式不拘泥于传统授课,兼顾观察记录、动手实验、角色扮演、讨论对话等层次丰富、交叉互动的学习方式,培养青少年科学探究的方法、自主学习的态度以及追根溯源的探索精神
浙江自然博物馆	浙江自然博物馆以"自然与人类"为主题,旨在提高公众自然科学文化素养和生态环境保护意识。馆藏由地球生命故事、丰富奇异的生物世界、绿色浙江、狂野之地和青春期健康教育展五大展区组成,以地球及生命诞生与发展为主线,带领公众一探自然之壮美。该馆的教育科普包括各类节日活动、科普讲座、自然课程、亲子教育、野外体验及综合实践等。该馆通过传播科学知识、倡导科学方法、弘扬科学精神,为时代发展服务,为人民群众服务,并通过全馆上下的共同努力,为提高全民科学文化素养贡献力量

同科技馆的情况类似,中国的这些典型自然博物馆在设施建设与活动筹备上都具有相当高的水平,同时不同地区的自然博物馆也具有自身着重发展的特色。在上述几个案例中,北京自然博物馆是中国依靠本国力量筹建的第一所大型自然博物馆,因此其自身同时也是青少年爱国主义教育的基地;上海自然博物馆则是中国最大的自然博物馆之一,历史非常悠久,其前身可追溯到 19 世纪末期法国天主教所设立的中国最早的博物馆;而浙江自然博物馆则非常关注环境保护的相关科普教育,其同时也是国家环保科普基地,并于 2017 年获得全国最具创新力博物馆称号。

除在全国范围内建立众多面向青少年科学素质培养的科技馆、博物馆，中国本土还有非常多的非正式教育机构投入科学教育的项目设计当中。例如"小牛顿科学夏令营"以自然科学探究为主题，致力于激发学生的探索欲望和实践精神。通过结合特色天文探索特别主题，夏令营打破了学生只在书本中获取天文知识的传统，通过多个科学实验，帮助青少年学习掌握八大经典科学实验方法和五大科学记录方式。暑期团体活动部分将科学思维与学生的个性品质相结合，着重培养青少年的团队协作能力与合作意识，而其中特别加入的科学探究展示设计部分，则更进一步让参与者学习如何处理综合信息，融会贯通。

与上述案例相似的还有疯狂科学夏令营。该营聘请教授级专家设计课程，全程由博士带教，通过脑洞大开的动手实验，将中小学科学知识提纲串联，让青少年儿童能够在玩中学，学中玩，培养科学兴趣。夏令营共涉及光的传播与应用、水和水的溶液等四大科学主题，每一主题以户外课程引入当日问题，引发学生好奇和讨论，在科学秀和带教过程中传达理论知识，并通过实践操作得到验证和巩固，加强对知识点的吸收和理解。每位同学还都有机会展示自己的实验成果，在整理和汇报实验成果的过程中，加深对知识点的理解，得到项目式学习方式的思维巩固。

中国在校外教育组织模块中涉及的相关组织实在是不胜枚举，在此不再一一展示，通过上述给出的很小一部分案例可以观察到，中国的博物馆大多历史悠久，在科学教育方面保存着很多过程性的资源和科学史素材。而科技馆和校外机构等则具有良好的基础设施条件，无论是占地面积、活动规模还是惠及样本数量上都非常壮观。各类机构中设置的活动类型多样，从展览到动手实验、科学探究、情景剧等，这些丰富的主题活动不但吸引了青少年对科学学习的兴趣，更是锻炼了青少年参与科学、做科学的能力。不得不说，在全球范围内，能够取得这样的成果是非常难得的。

而相比之下，中国也存在一些相较其他国家更为弱势的地方。例如相比于欧美等教育发达国家来说，非正式教育机构与学校的结合不是非常紧密。例如很多国家的科技馆与博物馆被用于与学校密切开展馆校合作，甚至芬兰等国更是将这些机构的活动设置为学校科学教育的必修环节，承担学校教育的部分职能，这一点上中国近年来已经逐渐开始重视，但是所涉及机构数量及特征并不是那么明显。另外，很多国外非正式教育机构的科学素质活动采取了合作的形式，更多地设置能够让青少年与研究者、教授专家、家长们共同参与完成的项目，让青少年体验"真的科学研究"活动，相比之下我国在这方面的合作较少，并且研究者和家长多是在这个过程中扮演了辅助参与的弱化角色，并没有充分调动起这些合作角色的参与性和价值。而这些也是中国未来非正式教育机构活动建设深入改进的方向。

四　学校及团体的科学素质实施案例

如前文所提到，中国具有地区经济发展水平不均衡的现状，而依照各案例的分析可以明确，经济发展水平在一定程度上将会影响本地政府在教育上的投入，进而影响当地的教育发展水平。中国的一线城市往往拥有较好的教育资源，也集中了很多拔尖学校的案例，而相对的一些贫困县市中的学校发展水平则十分有限，教育资源也非常紧缺。这也给案例选取带来了很大的难度，在模块篇幅限制的情况下，无法通过单一案例代表国内的整体教育情况。

经过研究者的讨论，在该案例实施部分尽量避开北上广深四大一线城市及偏远的县市，从其余城市中寻找在科学素质培养方面表现相对突出的代表，最终选取浙江省北大新世纪温州附属学校作为例子，来简要介绍中国学校在学生科学教育上的表现。北大新世纪温州附属学校直属于温州市教育局，是一所九年一贯制的民办学校。学校从办学理念上根植北大的优秀文化传统，领导层和教师充分借鉴国际先进的教育理念，关注每一位学生的发展，培养具备良好科学素质的未来卓越人才。

在国际教育理念引领下，北大新世纪温州附属学校建立了 STEAM 和美国 STC 两大特色科学教育课程体系，在确保学生能够很好地掌握科学基础知识的前提下，教师通过各类探究式学习项目为学生拓展学科内容。此外，为了更大程度地满足学生的求知欲，提供更多的实践机会，科学教师们发挥学校的资源优势，开设了一系列科学拓展选修课程，通过分组合作、观察实物、绘制观测结果等环节的设置，提升学生发现并提出问题的能力、收集处理信息的能力、分析和实践能力以及合作交流能力等科学素质。源自美国的STC课程一直是学校最前沿的课程。在国标课程的基础上，教师整合课程资源，通过主题沉浸式项目拓展学科内容，让学生不仅能够掌握科学思维方式，还能在实践中提升探究与创新能力。而英文原版的教材与STC学具配置也保证了课程能够有较高的完成度。除STC课程外，STEAM课程也是学校科学教育的一大特色。学生可以在课堂中将科学知识与有趣的动手探究相整合，去解决像建高楼模型、吹出巨大的泡泡、薯片好吃的秘密等在现实中真实存在的问题，使科学与社会生活紧密结合，同时也能够极大地提升学生对科学学习的兴趣。

北大新世纪温州附属学校的占地面积极大，其中包括150亩可供学生进行研学的STEAM农场。科学老师们利用这个得天独厚的资源优势，研发了面向全体学生的STEAM农场系列播种课程。按照年级划分，学生通过种植不同作物作为课程学习的载体，培养实践创新能力。系列课程依据不同年龄段学生的认知发展规律设计了广泛的课程内容，包括科学领域的播种、认苗、除草、赏花、采摘，技术领域的自动灌溉器设计，数学领域的作物间距计算、生长高度测量、观测结果统计与比较，以及人文领域的文学作品赏析等。此外，STEAM农场还融合了德育、劳动教育、生命教育、科普教育以及其他学科的课程内容，实现了跨学科知识体系的建立，从大课程的角度全方位提升学生的核心素养水平。

学校认为，科学课堂不仅要培养学生的智力水平，掌握科学知识，更重要的是培养学生勇于探索和敢于创新的科学核心素养，在解决问题的过程中锻炼科学思维能力，并于实践中培养分析与合作交流的能力，等等。为确保全方位培养学生的科学素质，北大新世纪温州附属学校还定期举办"科学家进校园"系列科普讲座、趣味科学竞赛、走进科技馆、"科学风暴"、科技节及肯恩实验班等形式内容丰富多样的科学教育延伸活动，帮助学生接触更深更广的科学领域。通过小组合作探究、师生互助等方式，为学生提供科学实践经验，培养学生的提问、分析和调查能力，并透过应用资讯科技和丰富的活动，引导学生进行科学探索，从玩中"做"科学，培养科学逻辑思维，提高学生对科学课程学习的兴趣。学校的培养愿景是紧贴科学素质的要求，不仅希望学生通过学习掌握科学知识和技能，更重要的是培养具有好奇心的终身学习者。

北大新世纪温州附属学校还十分鼓励学生参与各类省区市及全国的科学教育相关竞赛活动，如小学生科学实验竞赛、初中科学实验能力竞赛以及小学生科学部落格评比等。通过科学教育项目、教室内的实践活动和户外体验式学习、竞赛参与等方式的有机结合，帮助学生获得教学大纲中涵盖的科学概念的实践经验，并扩展提升教学大纲以外的科学素质水平，培养学生对科学的热爱。从顶层设计到下位实施的具体活动，北大新世纪温州附属学校将学生终身学习、科学思维能力、融入社会等科学素质的要求贯穿始终，作为一个非一线城市的相对优势的学校案例，体现了这一层次中国学校对学生发展的整体考量，也侧面展现了国家对学生科学素质培养的关注。

通过对上述几个不同方面的信息进行汇总，可以看出中国对于学生科学素质的培养从整体上是高度重视的。特别是在最近几年内无论是从国家政策还是校外教育上都投入良多，所汇集到的青少年群体范围也越来越广。当然，中国目前也存在一些在未来可以更进一步发展的短板，继续吸取教育发达国家的优良经验，将科学素质教育落于实践，关注学生表现，这是实现未来具有中国特色的青少年科学素质培养的必由之路。

第四节　中国香港

中国香港是在科学教育上发展较早的地区之一。虽然相比于阅读和数学在各类国际测评中的优异表现，香港在科学方面的表现并没有那么突出，但面对香港土地面积有限、人口密度高、产业结构单一、创新科技业仍在起始阶段等众多现状，其科学教育所取得的成果也存在很多值得借鉴的地方。目前来看，香港政府正致力于提升学生对科学学习的兴趣，积极鼓励青少年从事跟科学科技行业相关的职业。为此，香港参照美国等教育发达国家，提出了一系列措施方案，旨在提高香港学生的科学素质水平。

同样依托课程标准与政策文件、科学素质发展项目、非正式教育组织信息以及实施案例四个大的框架结构，下面的内容将就这个科学素质培养特色相对鲜明的地区案例展开描述。

一　课程标准与政策文件对科学素质的要求

香港特别行政区位于中国南部，自古为中国领土。1842～1997 年受英国殖民统治，于 1997 年 7 月中国政府恢复对香港的主权。"二战"后香港经济高速发展，成为"亚洲四小龙"之一，也是全球第三大金融中心。香港陆地面积狭小但人口众多，是世界上人口密度最高的地区之一。作为中西文化交融的地区，香港既保留了中国的传统文化根基，同时也融入了西方经济制度的特点，在文化、教育等方面逐渐建立起本地区特有的优势。

香港政府非常重视在教育领域上的投入，这一部分也是香港政府开支最大的部分，占全年财政支出的近 20%。香港面向本地市民提供学龄前、小学及初中阶段的 12 年免费教育，并于 21 世纪初开始推行与内地相同的三三四学制。香港政府通过设立各类助学机制确保每一名青少年儿童不会因为经济因素的限制而无法接受教育，各类政策确保香港教育维持在一个较高的稳定水平。

在"一国两制"国策驱动下，香港地区政府具有高度自治权，在教育方面也设定有针对本地的课程教育目标、课程方案以及更自由的教材选择权。而针对"科学素质"这个概念来说，虽然在一些场合中会有出现，但香港的民众对其具体含义的普及和接受程度并不高，当地的科学教育研究学者对这一概念的研究也并不算多，然而通过香港特别行政区政府教育局的相关政策文件，可以看出文件中少量地提及了科学素质的名词概念，但整体实际要求和行动上确实完整涵盖了其对学生提出的要求。在各国家和地区案例分析中，香港在这一点上的表现是非常有趣的，它更多地像介于亚洲地区明确点明科学素质的概念，与欧洲地区不直接提及这一概念之间的融合体，似乎也是从微观上印证了作为中西方交融地区，受到内地和英国教育系统同时影响的表现。在香港特别行政区政府教育局的官方表述中，可以寻找到其对科学教育的整体定位和发展方向的预期（见表 3 - 16）。

表 3 - 16　香港特别行政区政府教育局对科学教育的表述

模块	具体表述
科学学习领域定位	科学是通过系统的观察和实验，去研究我们周围的现象和事件。科学教育培养学生对世界的好奇心，加强他们的科学思维。透过探究的过程，学生可以明白科学的本质，并获得所需的科学知识和科学过程技能，帮助他们评估科学和科技发展的影响。此外，这些经验可以装备学生，使他们能够参与一些涉及科学的公众讨论，并成为科学和科技的终身学习者
科学教育发展方向	科学教育强调通过探究活动，提升学生的科学素质。这些学习活动所涉及的技能很多，包括计划、测量、观察、分析数据、设计和评估实验步骤、验证等。学习科学的重要之处，在于使学生在生活层面，实现抱负，承担责任。使他们能独立地学习、处理新的情况、作明辨性思考及其创新思维，并可做出明智的判断和解决问题
科学教育培养预期	透过科学活动，学生可培养对科学的兴趣，从而积极及主动地学习科学。学生亦应明白科学、科技、社会和环境之间的相互关系，同时可加强综合运用不同学科知识和技能的能力，在不断发展的社会中应对转变与挑战，并在先进科学和技术的世界做出贡献

从上述科学学习领域定位和发展方向中，可以非常明显地发现香港科学学习中提到了"养成科学思维习惯""理解科学知识，掌握科学技能过程""在生活中处理新情况解决问题""承担社会责任，参与公众讨论，成为终身学习者"等具体的要求，而这些要求与研究对科学素质的定义是高度符合的。从这一点上可以初步推断香港地区正在依照教育发达国家所提出的理念，不断发展和修正自己的教育需求。特别是近些年来，香港对科学素质的重视程度越来越高，并且将科学素质列为一个现代公民所必须具备的素养。

2017 年，香港特别行政区政府教育局发布了新修订的《科学教育学习领域课程指引（小一至中六）》（以下简称《课程指引》）。《课程指引》主要对科学教育的课程架构、课程宗旨、学习目标、学习重点以及发展方向等内容进行了详细的说明，并且就课程规划、教学方法、评估测试以及相关的

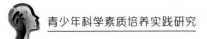
青少年科学素质培养实践研究

教学资源等提出了意见建议。《课程指引》明确提出了科学课程的基本理念：

> 科学教育学习是整体学校课程的一部分，为学生提供广泛的学习经历：让学生建立稳固的科学基础，培养他们的科学素质，了解科学、科技、工程和数学之间的重要关系，并掌握综合和应用跨学习领域的相关知识与技能的能力；让学生建立正面的价值观和积极的态度，促进他们的个人发展，以及为二十一世纪的科学和科技世界做出贡献。

《课程指引》的内容明确提及了科学素质的概念，并与教育局关于科学教育的学习定位具有高度一致性。从科学教育学习课程架构来看，香港对科学教育的学习目标、学习内容进行了明确，科学教育学习采用开放的课程架构，学习目标主要包括科学知识和技能、共通能力以及价值观和态度。学习内容主要包括科学探究，生命与生活，物料世界，能量与变化，地球与太空，科学、科技、社会与环境（STSE）六部分。科学教育课程架构蕴含科学、科技、工程及数学（STEM）教育，以强调综合和应用科学教育学习领域内及跨学习领域的知识与技能的能力。此外，课程内亦加入其他与课程持续更新相关的主要更新重点（MRE），当中包括信息科技教育（ITE）和跨课程语文学习（LaC），以凸显这些重点对科学教育的相关性和重要性。

在课程规划上，香港的科学教育划分为小学、初中、高中三个学习阶段。小学阶段（小一至小六）课程主要为日常生活中与科学和科技相关的学习内容（例如低碳生活、全球暖化）；初中阶段（中一至中三）开设专门的科学课程，旨在让学生在初中阶段建立稳固的科学基础，着重培养学生的科学素质，以及包括动手探究在内的一些科学知识和相关技能；高中阶段（中四至中六）提供四个科学选修科目供学生选择，分别是生物、化学、物理和科学，旨在进一步提升学生的科学素质，并为学生日后进修和就业做好准备。从这一划分上能够看出，对于不同学段的学生而言，香港分别侧重了青少年科学素质培养的不同方面，而这一表现与美国对学生科学素质培养采取的学习进阶模式具有一定的相似性。

《课程指引》中对科学素质培养的课程进行了明确说明。以中学中《科学》课程为例，这一课程属于科学教育学习领域的必修科，以主题的形式设计，延续了小学阶段常识科中与科学相关元素的学习内容，主要涵盖了四个互相关联的科学教育学习领域：生命与生活、物料世界、能量与变化和地球与太空。《科学》课程的内容初中每学年的课时约为918小时，而科学教育学习领域的建议时间分配为总课时的10%~15%，即每学年应有92~138小时。此外，《课程指引》还对未来五至十年科学教育学习领域的发展提出了建议，主要包括培养学生的科学素质、学科互通能力、正确的价值观以及积极的科学学习态度，推动STEM教育，推动跨课程学习和合作等。除《课程指引》外，从2015年开始，香港还在中小学学校课程中着力推动STEM教育，旨在提高学生对科学的兴趣，帮助学生了解科学本质及掌握科学过程，以提升他们的科学素质，从而让他们能够提高对科学知识与技能的运用能力，理性地参与一些涉及科学、科技和社会的公众讨论。

在《推动STEM教育——发挥创意潜能报告》（以下简称《报告》）中，香港决心通过修改课程内容、创新教学方法、举办各项活动、提供经费支持、加强学习交流等方式，使学生、教师、学校三方都受益，学生通过STEM相关学习，增强了运用科学的知识与技能以解决真实问题的能力，创新、协作能力也得以提升。教师通过STEM相关教育工作，以及同STEM相关学者、专家交流分享，增加筹办和推行STEM相关学习活动的专业知识，教师的专业能力和校内及跨校之间的协作也得到增强。中小学校也能够积累整体规划和实施STEM教育的经验，以满足学生的需要和兴趣。由此可见，无论是《课程指引》还是《报告》，都对如何进行科学素质的培养提出了明确的目标和方法。

通过上述政策文件可以看出，从早期开始，香港教育局虽然并未过多直接提及科学素质的概念，但对青少年科学素质的培养是相当重视的。而从近年开始，香港开始明确提出科学素质的概念，虽然概念定义普及度不高，但是整体各方面的要求对这一定义的指向是十分全面的。从形式上来看，香港教育局采用了在校科学课程教育和推行 STEM 科学专项教育两种教育手段，来具体落实学生科学素质培养的需求。无论是从科学素质不同方面要求的覆盖、STEM 教育理念还是不同学龄段的进阶要求来看，都能够看出一些香港借鉴美国等教育发达国家培养经验的身影。而综合各国教育制度优势形成本地区特有的科学教育体系，也是香港科学教育的特色之一。

二　科学素质发展项目

香港地区以"中国香港"为名积极参与到国际举办的各类科学竞赛当中，其中也包括了 PISA 与 TIMSS 的测试。从 PISA 成绩上看，香港早年在几次测评中均取得了不俗的表现。其中在 2009 年，香港以 549 分排名第 3，2012 年则以 555 分排名第 2，成绩均非常突出。而在 2015 年的测试中，科学部分的结果中香港得分 523 分，排名第 9，相较 2012 年的成绩退步较明显，降低了 32 分，但是与排名第 7、8 名的加拿大和越南差距较小。此外再来看四年级和八年级学生科学学业成绩的 TIMSS 表现。在 2007 年，香港八年级学生以 530 分排名第 9，四年级学生成绩则较好，以 554 分排名第 3，仅次于中国大陆和中国台湾地区。2011 年，八年级学生以 535 分成绩排名第 8，四年级学生则以 535 分排名第 9。而在 2015 年的 TIMSS 测试中，香港四年级学生的科学成绩为 557 分，排名第 5，八年级学生的科学成绩为 546 分，排名第 6。相比于 PISA 来说，香港在 TIMSS 的成绩表现上更好，而且更为稳定一些。

除 PISA 及 TIMSS 外，香港地区也积极参加国际奥林匹克竞赛活动，但主要参与数学和物理的竞赛活动，而在生物和化学的多届比赛中并未派出独立于中国的队伍参赛。表 3 - 17 依照获取到的信息资源，仅展示科学学科的部分成绩，特别是在物理奥林匹克竞赛中的成绩。

表 3 - 17 香港参与国际科学奥林匹克竞赛成绩

竞赛科目	成绩表现
国际生物奥林匹克 (The International Biology Olympiad)	2019 年 1 金 2 银 1 铜
国际物理奥林匹克 (The International Physics Olympiad)	2015 年 3 金 2 银、2016 年 1 金 3 银 1 铜、 2017 年 2 金 1 银 2 铜、 2018 年 1 金 3 银 1 铜、2019 年 5 银

为进一步了解在测试中成绩的表现情况以及分析其中存在的影响因素，针对香港在 2015 年 PISA 中的表现，香港中文大学对测试结果进行了更为系统的分析。通过这次分析研究者发现，学校受教育水平高、学校社会影响力高、父母的社会影响力高的学生普遍表现较好；男生相比于女生、本地出生的学生相比于移民子女学生表现较好。与此同时，香港学生在学习科学认知能力、对科学的喜爱及外在动机方面均保持在稍高于经合组织国家的水平。但同时，香港学生近些年来的科学自我效能感降低，获得高分的比例也有所降低。

从上述成绩看，香港在青少年科学素质教育方向上起点较高，但是多年来发展稳定，提升并不太大，地区政府的关注点也开始从成绩整体逐步转移到对特定内因和具体方向的关注上。除 PISA、TIMSS 及各类学科竞赛外，香港还面向地区内青少年开展了一系列相关的科学素质发展竞赛与培训项目，虽然不如美国与新加坡一样项目众多且资料翔实公开，但也对学生科学素质的全方面发展起到了重要的促进作用。在这一模块中主要选择 STEM 卓越奖、校外科探绿色营以及青少年科学发现微电影夏令营为例进行简要介绍（见表 3 - 18）。

表 3 - 18 香港科学素质培养竞赛及项目

案例	主要介绍
大湾区 STEM 卓越奖	大湾区 STEM 卓越奖由香港新兴科技教育协会于 2019 年起主办，多个香港业界组织及专业团体协办，目的是让学生能够在 STEM 方面发挥自己的创意，提升创新能力。比赛分为幼儿园组、小学组、初中组、高中组及大专大学组，学生可选择以个人或小组形式参赛，比赛项目类别主要包括科学实验、机器人、信息科技及人工智能等

续表

案例	主要介绍
校外科探绿色营	校外科探绿色营由香港青少年科学院主办,以发展学生的科学素质为目标。活动以广阔的大自然为学习背景,为学生提供了一个丰富而具体、科学而有趣、宽松而和谐的学习环境,让学生能够在真实的自然环境中,在轻松、愉快、研究、发现的情境中,寻求知识,探索真理
青少年科学发现微电影夏令营	青少年科学发现微电影夏令营由香港青少年科学院于2013年创办,至今已举办了7年共计14期。科学微电影是学生以小组合作的方式完成一项科学探究项目,同时利用摄像机和眼睛观察记录探究的全过程,最终剪辑完成一部5~8分钟的视频作品,向大家分享自己小组的科学发现成果

香港通过举办一系列多样化的科学教育活动项目,希望能够提升香港青少年的科学素质水平。例如校外科探绿色营,它是以自然环境为主题的系列教育实践活动,包含20多种活动形式,在内容上不仅是帮助学生获得科学概念知识的"关于自然环境的教育",更是关注于培养学生科学意识、态度、技能、行为的"为了自然环境的教育"。其在方法上采用了"在自然环境中教育",通过师生共同在自然环境中体验、实践、交流,最终促使学生形成科学的认知方式和科学的自然观、价值观。这种理念贴合了科学素质对青少年要求的各个方面,参与该活动,可以使学生的各项科学素质得到全面发展。而"校外科探绿色营"也作为一个典型的培养活动案例,其中部分经典活动方案先后被教育期刊、小学环境教育教材、国家义务课程、小学《科学》等采用出版。

作为香港青少年科学素质培养的重要单位,香港青少年科学院是香港地区各类培训活动项目的重要组织策划者。这些活动从设计之初就紧扣科学素质对青少年的要求,致力于促进学生的全方面发展。碍于地域面积的限制,虽然香港地区活动的类型不如一些发达国家和地区丰富,但是大部分活动面向各类参与者的开放度是很高的,例如近年来微电影夏令营也开始吸引很多中国大陆地区的青少年参与。

三　非正式教育组织信息

非正式教育组织机构也是香港地区进行青少年科学素质培养的一个重要组成部分。由于香港作为一个行政区划，不像其他国家和地区拥有众多的下级县市，并且香港也受到人口特别是地域面积的限制，因此对于整个香港地区而言，与青少年科学素质培养有关的非正式教育场所与组织数量相对比较少，主要的、规模较大的各类型机构也基本上呈现一类一个的分布状态。在这其中主要承担青少年科学教育工作的为香港科学馆、香港历史博物馆和香港天文馆。表 3 - 19 以这三个主要机构为例进行简要介绍。

表 3 - 19　香港主要校外科学教育机构情况

机构	简介
香港科学馆	香港科学馆启用于 1991 年，至今已成为香港大众探求科学知识的重要场所。科学馆馆藏展品逾 500 件，其中 70% 都是互动展品，馆内更是配备了全球瞩目的能量穿梭机，是目前世界上同类展品之最。这些互动展品表达了科学馆鼓励参观者实际操作展品来发现当中的科学原理、从中体验探索和学习科学乐趣的意图。科学馆另设特备展览厅、演讲厅、电脑室、实验室及资源中心，除常设展览外，还会定期面向大众举办科学专题展览以推介科技新知。此外，科学馆也会经常承办和提供各种科学推广及科普教育活动，鼓励青少年参与到相关的活动中来
香港历史博物馆	香港历史博物馆于 1998 年开放，前身是 1962 年成立的香港博物美术馆，经常举办各类主题展览。香港历史博物馆为香港居民及游客介绍了香港的历史，展览内容包括香港及南方一带的考古发现、珍贵文物及资料等。除历史文化外，博物馆还涵盖了很多自然生态发展的要素，能够向参观者呈现四亿年来的自然生态环境变迁信息，引导大众了解自然生态知识，熟悉香港的发展过程
香港太空馆	香港太空馆于 1980 年开放，用以推广天文及太空科学知识。香港太空馆分东、西翼。东翼设有何鸿燊天象厅、宇宙展览厅、全天域电影放映室、多个制作工场及办公室；西翼则设有太空探索展览厅、演讲厅、天文书店、香港太空馆资源中心等。香港太空馆每年都会举办大量的太空科学推广活动，其中包括天文嘉年华、天文快乐时光、趣味实验班、天文比赛、天文讲座、天文电影欣赏等。此外，内容丰富的太空馆官方网页，更是给青少年提供了一个获取观星数据、了解基础天文知识、掌握最新天文信息和相关教学资源的好地方

正如前文所提到的，香港受限于土地面积，因此博物馆、科技馆等校外机构的数量并不太多，并且其中的一部分还承担了人文历史类的工作职能。

能够定期举办一系列校外青少年科学素质培养活动与项目的机构主要有香港科学馆、香港太空馆和香港历史博物馆这三个，并且以前两个为主。香港科学馆特意推出教育与趣味并重的学校团体导览，导览内容与学生的水平及课程内容相匹配，幼儿园及中小学可以免费申请；香港太空馆主要科普活动为天文类，与科学素质相关的青少年活动主要包括少年太空体验营；香港历史博物馆的主要馆藏为香港人文史料与自然生态，与科学素质相关的科普活动主要有未来馆长培训班。

　　上述机构所组织的活动，一个主要的目的是帮助学生提升对科学学习的兴趣，在此基础上增加青少年对科学知识的掌握，增进对科学研究的了解。这些机构依托已有的教育资源，举办了丰富多彩的各类科学活动（见表 3 - 20）。

表 3 - 20　香港校外机构科学素质培养活动概况

活动项目名称	简介
香港科学节	香港科学节由香港科学馆主办，共有 90 多家合作单位共同参与。2019 年香港科学节的主题是推动 STEM 文化，科学节中精心设计了 150 余项特色活动。重点活动有"裘槎科学周"为大家演出生动有趣的科学剧和工作坊；"玩转科学嘉年华"让青少年在轻松的气氛下享受科学；"STEM × SCM"以 STEM 为主题的大型探究成果户外活动和展览；"科幻有理"发掘科幻电影中的科学原理。还有各类展览参观导赏、专题讲座、趣味实验班和科学比赛等
科普快递科学演示比赛及青苗科学家研习活动	香港科学馆及教育局于 2020 年合办科普快递科学演示比赛及青苗科学家研习活动，目的为培育学生对科学知识的探究能力、沟通能力和表达技巧，以及培养香港新一代的科研人才。本届活动将以地质学为主题，探讨组成地球的物质和它们形成的过程，增加学生对地质学的兴趣并拓展他们对这些知识的理解
拜师学修复活动	拜师学修复活动是香港科学馆与文物修复办事处合办的一项全新体验活动。学生可通过参与讲座及实习，提高对文物修复的认知和兴趣，了解文物修复背后有趣的科学知识；学生亦可在工作坊内接受修复指导和技术支持，亲手修复自己带来的珍宝，体验文物修复的过程。活动完结后，主办机构还将会把活动内容和完成修复的物品制作成虚拟展览

续表

活动项目名称	简介
生物多样性工作坊	联合国大会把 2011～2020 年定为"联合国生物多样性的十年"。为支持这一计划,香港科学馆特别推出了全新的"生物多样性工作坊",其内容主要包括香港本地生物多样性、世界生物多样性、自然实验室研究站等。参与该活动的学生在了解生物多样性知识的同时,也可以亲身体验参与科学研究的乐趣,学习基本的科学实验技巧
少年太空体验营	少年太空体验营由香港太空馆主办,香港中华总商会赞助,目的是提高香港学生对天文学和太空科学的兴趣,加深对中国航天事业及中国文化的认识。活动特色除带领学生学习基本的太空科学和航天科技知识外,还包括亲身体验参与航天员的训练项目,与中国航天员对话,参观主要航天机构例如北京航天城、酒泉卫星发射中心及其他重要航天设施等

香港依托有限数量的博物馆和科技馆等场所,举办了多种多样的科学素质体验活动。而香港科学馆在这其中承担了绝大部分的科学活动。科学馆中的展览及活动指向的题材非常广泛,包括了数学、物理、化学、生命科学、生物多样性、环境保护、运输电讯、食物及家居科技等,还设有面向青少年儿童的活动天地和测试展区。借助各类展览及活动计划,通过与大众互动操作,使更多的学生和公民参与科学学习,提高对科学的兴趣。在这些科技活动当中,一年一度的香港科学节也是最吸引青少年目光的活动。

总览上述非正式教育组织机构及活动的信息,可以总结出香港青少年科学素质培养的一些特征。首先,地域限制是阻碍目前香港科学素质发展机构建立的一个重要外因。鉴于这样的客观情况,香港依托已有的一些科技中心和展览馆,将分工和职能明确化,利用有限的资源尽可能地承担更多的科学活动,并将这些活动的内容多样化、分散化,以期吸引具有不同科学兴趣的青少年都能参与其中。其次,相比于其他一些国家和地区,香港在科技活动上能够充分利用已有资源,发展自己的特色。例如一些航天主题特别是文物修复主题的活动,都是在其他地区相对少见的。上述两点能够为一些具有相似条件的国家和地区开展青少年科学素质培养活动提供借鉴。

四 科学素质项目及学校实施案例

通过参与一系列国际测评项目，香港充分分析了本地学生的科学学习表现情况。香港政府以及一些研究专家认为，香港在培养学生科学素质方面还有很多不尽如人意的地方。为改善这一现状，香港也实施了一系列计划和课程。在实施案例模块中选取"香港愿景计划"为例进行简单介绍。

香港愿景计划由香港政策研究所发布，该研究所的主要职能是就制度发展和香港管理中存在的主要问题，以及经济、社会、文化、教育等范畴的公共政策进行研究，为相关部门提出相应建议供政府决策。其中针对科学教育领域，香港愿景计划结合了本地的实际情况，提出了 STEM + 教育政策。这一政策主要包含了"创建 STEM + 促进中心""提出 STEM + 分阶段的教学策略""设立 STEM + 素养框架""创建 STEM + 商校大平台""改善大学录取制度，推荐尖子生攻读相关课程""提防本末倒置及过分迎合现今科技"等六个部分的具体建议。首先从机构设置上看，愿景计划首先通过创建 STEM + 促进中心，鼓励各类民间组织或机构参与到以"STEM +"为主题的院校教师培训、协调院校与商界资源等环节中，实现多方资源共享互补，充分发挥各类机构的作用。

其次从策略框架上来看，STEM + 分阶段的教学策略是指在不同的学习阶段，学校应配合不同教学策略。这一点上与美国学习进阶式的科学素质培养模式有非常相似的地方。例如，在幼儿园及小学初级阶段设置"STEM + 游戏"活动，着重以游戏参与的形式帮助低龄段的学生学习 STEM 相关知识；而小学后期至初中阶段则设置"STEM + 探究式学习"活动，即以专题研习、报告等形式，将科学素质的培养纳入课程单元当中；而高中阶段则设置了"STEM + 就业及生涯规划"活动，针对学生的务实思维，STEM 在高中阶段可以考虑配合商界做生涯规划，让学生了解到 STEM 的出路及就业的机遇。在学生面临职业选择的未来，能够更多地参与到与科学相关的工作当中。而 STEM + 素养框架的具体内容则是在参考其他地区 STEM 素养框架的基础上，结合香港本地情况确定的指导活动开展的"脚手架"，框架主要包含科学及科技素养、综合运用与创新素养、解难能力素养、群体协作素养以及社会关怀等六个部分。

创建 STEM + 商校大平台则是愿景计划中一个拓宽教育出路的方式。在商校平台中，政府教育部门会鼓励商业界为发展 STEM 教育提供支持。这其中包括在一些大型博览会、比赛当中允许企业参与，使学生的作品和发明有机会成为真正的产品，延续创意的后续价值；为学生在海外或本地升学、进行相关科研工作提供各类奖学金；以及为有优异研究成果或潜能的学生提供企业实习及雇用机会等。与此同时，愿景计划还希望能够改善大学的录取制度，推荐尖子生攻读与科学相关的课程，为有意向进行创科发展的优秀学生提供适合的录取机会。目前，香港已经将四个核心科目作为升学的最低门槛，因而追求学术发展的科技人才需同时兼顾多个科目。愿景计划建议政府为优秀且有意攻读大学科学、工程及其他相关课程的学生提供资助，让大学可以通过非大学联合招生办法录取人才。

最后，愿景计划还进行了更多的思考，防止本末倒置及过分迎合现今科技。STEM + 教育是为未来经济提供人才，学生在学校接触 STEM + 教育到其毕业，相距最多会有超过 10 年的时间。然而科技的发展是日新月异的，今日在校内应用的技术，学习到的最新知识，待到学生毕业时，必然已经成为当年的历史。因此愿景计划提出，课程及课时不应侧重让学生理解记忆当下的知识和科技的运用，而应更多地提升学生的学习兴趣，培养他们在科学及 "STEM +" 上的核心素养，这才是为未来发展培养人才的真正有效手段。

愿景计划的案例设计是长远的。通过各个国家和地区的案例分析后，可以看出愿景计划的一个重要特征是真正将学生的 "未来与就业" 放在重要的考量地位上。计划充分意识到科技随时间不断变化升级的本质，脱离了对学生理解科学知识和概念的过度要求，明确了学生对待科学的兴趣和职业意向的重要价值。

从上述香港案例的分析，可以看出香港地区的青少年科学素质培养特征是很明显的。针对地域狭小、人口密度高的现状，香港能够充分抓住现有资源的优势，提高有限资源的利用效率，依托其对外开放的有利条件，一方面吸纳内地的教育资源，另一方面也从政策设计上向英国、美国等教育发达国家借鉴学习。通过课程及政策设置、科学素质培养项目和计划的实施等，努力提高本地学生的科学素质水平，改善相关的科学过程技能掌握情况，提升学生对科学给生活和社会环境所带来的影响的认识，增强未来从事与科学技术相关职业的意愿，努力做到让科学影响学生一生，成为更好地社会公民。

第五节　中国台湾

中国台湾地区在各类国际测评中的成绩与表现较好，但并非处于领军地位。受限于地域面积及人口问题，台湾地区对于学生科学素质的培养情况出现了比较明显的地域差异，无论是基础设施建设还是教育资源投入都集中于几个大城市中。在这一过程中，台湾地区能够充分地针对现有问题进行反思，发现其中的缺失与不足进行重点改进，这对于教育发展中国家和地区的学生科学素质培养能够起到很强的借鉴作用。

在以下的内容当中，案例将按照分析框架的设计，从课程标准与政策文件、科学素质发展项目、非正式教育组织信息以及实施案例四个大方面来对台湾地区的整体情况进行分析与说明。

一　课程标准与政策文件对科学素质的要求

台湾的学制同大陆类似，除小学 6 年外，在初中、高中及大学阶段实行三三四学制。台湾省十分关注学生的基础教育，政府为本地青少年提供 12 年的义务教育，并集中教育财力及资源于几所主要的大学，以求能够在本土发展出世界知名大学，迎合教育国际化的需求。20 世纪 80 年代后期，台湾地区逐渐兴起教育改革的呼声，经历若干年的发展逐步实现了小班教学的课堂模式，并放开了教科书的编写途径，由一纲一本转变为一纲多本的模式。然而受社会背景文化的影响，台湾当地的教育界也存在相互矛盾的呼声，近年来在提升成绩竞争力与培养学生学习兴趣之间寻找平衡的发力点。

从科学素质的层面上看，台湾地区的课程标准与政策文件对于学生科学素质的强调程度较高。相比于很多将科学素质各个要素进行拆解后融入课程标准与文件中的国家和地区而言，台湾地区更多地吸纳了国际上一些教育发达国家对于科学素质的定义，并直接将科学素质这一概念术语呈现在各类标准文件当中进行说明。以《十二年基本教育课程纲要（自然科学领域）》（以下简称《纲要》）文件为例，在这一课程纲要中明确提出了课程的基本理念：

> ……需要具备科学素质，能了解科学的贡献与限制、能善用科学知识与方法、能以理性积极的态度与创新的思维，面对日常生活中各种与科学有关的问题，能做出评论、判断及行动。根据各学习阶段学生的特质，选择核心概念，再通过跨科概念与社会性科学议题，让学生经由探究、专题制作等多元途径获得深度的学习，以培养科学素质。所以一个有科学素质的公民，应具备科学的核心概念、探究能力及科学态度，并且能初步了解科学本质。

从课程设计的基本理念中，可以看到台湾地区的课程纲要直接强调了培养具有科学素质的公民这一教育目标。依照这一理念引领，该《纲要》在课程目标部分直接提出了建构科学素质的目标指向，要求教育应当使学生具备基本的科学知识、探究与实践能力及科学态度，能于实际生活中有效沟通、参与公民社会议题的决策与问题解决，且对媒体所报道的科学相关内容能理解并反思，培养求真求实的精神。《纲要》还直接下设了核心素养模块，与课程目标处于同级大标题之下，着重考虑了自然科学核心素养内涵所具有的多元性与独特性。通过这一部分内容，可以发现《纲要》对于科学素质的解读与目前国际上对科学素质的研究定义具有高度的一致性，并将其中四个主要方向的基本内容完全涵盖到了《纲要》之中。

基于培养科学素质的基本理念与课程目标，《纲要》进一步明确了本领域的学习重点与内涵：第一，要为学生提供探究学习、问题解决的机会，帮助学生养成相关的科学探究能力；第二，应协助学生了解科学知识产生的方式，养成应用科学思维与探究习惯的科学态度，明确科学本质；第三，引导学生学习科学知识的核心概念。借由此三大内涵的实践，来达成对于学生自然科学素质的学习要求。

除《纲要》外，台湾地区还仿照美国等教育发达国家发行了《科学教育白皮书》（以下简称《白皮书》），强调科学教育作为教育的一部分，其重要特征就是"科学素质"的养成。经过"第一次科学教育会议"的研讨后，台湾地区在《白皮书》中将科学教育目标拟定为：使每位公民都能够乐于学习科学，并了解科学之用，喜欢科学之奇，欣赏科学之美。这项目标至少表现在三个方面：其一，使科学扎根于生活与文化之中；其二，应用科学方法与科学知识解决日常生活中的问题，理性地、批判性地看待社会现象，并为各项与科学相关的公共事务做出明智的抉择；其三，不断提升科学素质，为人类世界的经济增长及永续发展做出贡献。

在科学素质培养上，台湾地区兼顾了各个年龄段的所有青少年儿童。从幼儿园到小学、中学的科学教育，都提出了提升每位学生的探究能力、创造力及批判思考能力，并培养好奇心与科学伦理道德等良好科学态度的要求，而这一要求正是科学素质的基本需求。《白皮书》还指出，科学教育的目的除培养及提升每个学生的科学素质之外，为了个别差异也应该要有适应性的设计，才能使每个学生的潜能得以发展。课程设计时应邀请各界相关人士参加，使各方面的意见适当地、有效地纳入课程。课程实施时，需包含如何达成课程自目标设计到实践过程的完善规划。可见对于科学素质的培养要求而言，台湾地区正在努力建立起一系列外部参与保障机制。

最后再来看《十二年基本教育实施计划书提升国民素养实施方案》（以下简称《方案》）。《方案》同样明确提出了科学素质的概念，强调重视逻辑思考及生活应用，培养学生"带着走的能力"，鼓励学生多将所学到的科学知识运用在生活情境当中。例如在调查题目中导入更多新闻内容及生活中常见的科学现象，让学生运用多元的自然科学知识思考并解决问题。在此基础上，《方案》更是提出了科学素质评价架构的概念，确定了科学素质的评价指标。指标除了参考 PISA 试题外，还延续了科学素质的精神，其中包括与生活情境联结，例如本地及国际年度重大议题，就能源科技、食品安全、气候变迁、自然天象、媒体电视等议题进行设计。其中有关科学素质的三大目标包括具备看出科学事实背后意义的能力、具备把知识转为判断依据和论证的能力以及具备探索和解决问题的能力。

台湾地区对于科学素质的培养是十分重视的，并于教育词典中给予了详细、明确的定义。除明确介绍了美国科学促进协会（AAAS）与美国国家科学教师协会（NSTA）对科学素质的要求外，还指出要减低科学知识的教材分量，精进学生对教材认识的理解质量，增添对整个科学事业与整体自然的认识，加强了解科学、科技、社会间的依存关系。在教学方面，要着重关注学生了解的程度而不是教材呈现的量，允许学生参考教科书或教师的观点来建构科学知识，鼓励并引导学生发展新的观点以更确切地了解自然，安排实务情境，供学生应用或考验真实获得的科学知识。科学教育学者指出，鉴于目前中、小学科学教材在编写上大多偏重科学知识，未能做到适用于全体学生，因此学者们也建议将培养公民科学素质作为主要的科学教育目标。

可以看出，以科学素质为主要目标在很大程度上影响了台湾地区的科学教育发展，主要体现在减少科学知识的教材数量，提升教材质量，加强学生对科学知识的认识，对整个科学事业与整体自然的认识，对科学科技社会的依存关系的认识。具体在教学方面，着重强调了应以学生理解为中心而不是以教材呈现为中心，并鼓励学生参考教科书之外的观点来建构自己的知识体系，以此为基础发展自己的新观点与新态度，更好地理解自然社会，并在现实情境中考查学生对于知识的掌握情况。无论是从《纲要》《白皮书》还是《方案》的要求与制定上，都一以贯之地对科学素质进行了明确强调，这种从顶层设计上的重视对于一线教学和学生培养工作的展开具有重要价值。

二 科学素质发展项目

台湾地区同香港特别行政区一样，作为我国的代表参与了国际上一些大型的科学测试竞赛活动。其中在 PISA 和 TIMSS 两大测评中都有相对稳定的表现。在 2012 年的 PISA 测试中，台湾地区在科学部分平均得分 523 分，排名第 13，相较 2009 年度的 PISA 成绩进步 3 分，但名次退后 1 名，与排第 10、11 和 12 名的列支敦士登、加拿大和德国没有显著的差异。在 2015 年的 PISA 测试中，台湾地区则以 532 分的成绩跃居第 4 位，较以往有了大幅提升。而在 TIMSS 测试中，台湾地区在 2007 年的四年级组和八年级组科学部分分别以 557 分和 561 分仅次于新加坡排名第 2，在 2011 年四年级组以 552 分排名第 6，八年级组以 564 分排名第 2。2015 年的 TIMSS 测试中，台湾地区分别有 4291 名四年级学生和 5711 名八年级学生参与受测，测试结果四年级学生的科学成就为 555 分排名第 6，八年级学生的科学成就为 569 分整体表现排名第 3。这一成绩的整体表现是令人十分满意的。

除 PISA 及 TIMSS 外，台湾地区也积极参加了国际科学奥林匹克竞赛活动，并在生物、化学、物理三门学科上的参赛数据都比较完整。如表 3－21 所示，可以看到在国际奥林匹克竞赛当中，无论是综合奖牌排名还是金牌获得数，台湾地区取得的成绩都非常不俗，在国际上名列前茅。

表 3－21 台湾地区参与国际科学奥林匹克竞赛成绩

竞赛科目	成绩表现
国际生物奥林匹克（The International Biology Olympiad）	2015 年 3 金 1 银、2016 年 4 金、2017 年 4 金、2018 年 4 金、2019 年 3 金 1 银
国际物理奥林匹克（The International Physics Olympiad）	2015 年 4 金 1 银、2016 年 5 金、2017 年 3 金 2 银、2018 年 4 金 1 银、2019 年 2 金 3 银
国际化学奥林匹克（The International Chemistry Olympiad）	2014 年 2 金 2 银、2015 年 4 金、2016 年 3 金 1 银、2017 年 4 金、2018 年 1 金 3 银

除参与上述国际测评及竞赛活动外，台湾地区还依照上一模块中的《方案》制定了科学素质能力培养的评价体系，依照四大科学领域（物理、化学、生物、地球科学）制定指标，并邀请咨询委员会及各学科具有丰富一线教学经验的高中科学教师组成命题团队，经过多次命题与修审题会对题目进行修正与筛选，完成本年度科学素质的正式调查题目。

2015 年的正式调查由 20 道科学素质题组成，总计 83 个子题（68 道选择题，15 道简答题）。在题目组卷规划上由四个学科领域各挑选出四个题组。2016 年，台湾地区的科学素质测评包含了物理、化学、生物及地球科学四科，题型为通过人工阅卷的简答题，内容包含空气污染、显示器、粉尘燃烧、整人墨水、开花不结果、塑化剂、夏至、光合作用与地热等在内的 12 个主题 16 小题。施测结束后即开始邀请命题委员及其他具备该专业领域知识背景的教师组成评分小组委员会协助进行评分工作，并于正式评分阅卷前先召开评分规准会议，让评分委员能就给分标准达成共识。

此外，十二年基本教育实施计划还在 2016 年对 100 所学校的高二和高职二年级学生进行了抽样调查，其中科学素质首测学生超过 3000 人。测试在学籍调查方面发现，高中生的学习成绩整体表现皆明显优于高职生，而有关家庭调查方面的结果显示，父母亲受教育程度较高者、自我期许未来最高学历较高者、假日花在做作业上的时间较多者，成绩整体表现相对新移民者、父母亲受教育程度较低者、自我期许未来最高学历较低者以及假日花在做作业上的时间较少者较佳。

通过上述测评结果，可以看出除参与国际测试外，台湾教育相关部门对于科学素质的重视程度很高，在地区内持续开展了一些自发组织的测评项目，以了解台湾地区学生的整体表现情况。此外，台湾还面向青少年开展了一系列相关的科学素质发展活动与计划，对学生科学素质全方面发展起到了重要的保障作用，表 3 - 22 以其中两个案例为主进行简要的说明。

表 3 – 22　台湾地区科学素质培养活动案例

案例	主要介绍
吴健雄科学营	吴健雄科学营于 1998 年创办,至今已举办了二十一届。其主要参与对象为台湾高中生,内容包括主题演讲、大师演讲与对谈、创意海报竞赛及教授夜谈等活动。历届应邀担任科学营的讲座大师共计 62 人,内含 13 位诺贝尔奖得主、30 位美国国家科学院院士、国际著名科学家若干,为青少年接触尖端科学知识提供了极好的机会
小太阳科学教育扎根计划	小太阳科学教育扎根计划在 2010 年由台湾元智大学科学教育研究中心开展,通过在寒暑假期间举办科学冬夏令营的形式,吸引了约 1500 人次的学生参与。计划通过生动有趣的科学实验活动引发学生对科学的学习兴趣。在寓教于乐的课程中,培养青少年的想象力、创造力、沟通能力及团队精神

　　通过对台湾地区的数据分析发现,其存在的一个非常值得借鉴的点在于台湾对于本地未来科学素质培养发展的反思较好,能够充分通过各类测评发现其中存在的问题,不断改进。例如,虽然台湾在 2015 年 TIMSS 中的表现突出,但通过调查,台湾地区反思自身科学教育仍旧面临四个主要的问题。第一,相较于国际上其他国家和地区,台湾学生对科学学习的态度不佳,八年级学生中对科学学习表现出不喜欢、没自信和认为不重要的态度的人数较多;第二,相较于东亚地区,台湾在测评中学习落后的人数比例偏高;第三,八年级学生学习成绩离散度及城乡差距较大;第四,台湾部分地区在学校环境与教学上仍旧存在较大问题。对这些问题的反思,提醒了台湾教育部门不应满足于当下的良好成绩表现,为未来科学素质教育水平的进一步提升指明了方向。

　　除各类测评外,台湾地区的科学素质相关项目也为其他地区的发展提供了很好的借鉴意义。例如吴健雄科学营通过培育青少年科学英才,推动社会大众的科学教育普及,引导学生如何组织思想、如何发问、勇于发表,并鼓励集体讨论和团队合作,激发创意想法。它的开设模式和成效经由亚洲科学营传播到其他亚洲国家及地区,增进了国际科学精英学生之间的交往,开阔了学生的国际视野,促进了优秀科学教育资源和教育经验间的交流。而小太阳科学教育计划则意在结合校内外资源，着力关注一些弱势家庭的学生，让科学教育不分身份、社会经历背景，让各种家庭条件下的青少年儿童都能得到良好的科学素质教育，特别是帮助弱势家庭中的中小学生养成基本的科学学习能力和创造能力，并培养他们对科学的兴趣及独立思考能力，活用科学原理，体验科学的乐趣，让学生自幼建立起科学的思维习惯。这种国际活动交流的模式和对于不同经济水平家庭学生的关注也是值得学习借鉴的特点之一。

三 非正式教育组织信息

正如前文所提到的，由于台湾地区的地域面积不大，人口又主要集中在几大城市之中，密度很高，因此不具备其他案例中的土地资源条件，能够建立数量众多的教育相关实体机构。因此台湾同之前的香港案例相似，本地设置的有关青少年科学素质培养的非正式教育组织机构数量并不太多，表现为依托主要的大机构承担相关职能。

虽然机构的数量不占优势，但台湾地区与其他类似案例中的整体表现情况是相同的，即在这几大机构中的相关设备设置较完善，利用现有资源举办的科学活动种类也非常丰富。这些校外科学教育场所和密集化处理的体验活动也为学生科学兴趣的培养提供了可能。在该模块中，主要以台湾博物馆、台湾科学教育馆以及台北市立天文科学教育馆三个机构为例进行简单介绍。

同香港情况很相似，台湾地区的非正式教育机构场馆数量不多，但在已有的几个科学教育相关场所中，其规模和设备很多都处于全球顶尖水平，在青少年培养上具有非常强的硬件条件。依托上述三大主要机构，台湾地区开展了一系列丰富多彩的校外青少年科学素质培养活动与项目，而这些校外机构举办的活动大多将第一目标指向帮助学生提升对科学学习的兴趣，通过能够让学生亲自体验参与的动脑与动手相结合的活动，培养科学思维，提升科学探究的能力。表3-23以其中每个机构的代表性活动为例，进行简单的介绍。

表 3 - 23　台湾部分非正式教育机构简介

机构	简介
台湾科学教育馆	台湾科学教育馆最早于 1956 年成立,为台湾教育部门附属馆所的机构。1960 年创立中小学科学展览会,并于 1962 年正式更名,2003 年位于士林现址的新馆建置完成。馆内的常设展区包含生命科学、物理、化学、数学与地球科学等丰富的内容,更与国内外博物馆合作展出最新的科学成果。紧张刺激的 3D 剧院与充满趣味的立体剧院拓展了学生应用科学的视野,而科学图书馆及设备齐全的科学实验室不仅能让学生探究科学的理论基础,还能通过动手操作来体验科学。科教馆也不时举行各类特展及科学教育活动,如科普演讲、青少年科学人才培育计划、户外科学教育基地研习等,同时倡导环境教育,固定举办大型科学活动如科学玩意节。科教馆也负责办理每一年的中小学科学展览会等
台湾博物馆	台湾博物馆前身为 1899 年成立的台湾总督府民政部门物产陈列馆,于 1999 年正式更名。主要馆藏为台湾人文史料与自然产物,以地质、矿物、动物、植物、原住民等收藏为主,还收藏了农业、水产、工艺、贸易、林产等资料,保存近四万件标本。常设展览分为"台湾的生物展示区"和"台湾的先住民展示区"两区。台湾的生物展示区介绍台湾特殊地理环境造成的各种特性,如生物多样性极高以及各物种间复杂的食性关系、台湾海洋及陆地生态、中高海拔生态等不同主题。台湾的先住民展示区介绍台湾所具备的地理位置及自然条件,以及人类相继移入并在这块土地上生息的过程
台北市立天文科学教育馆	台北市立天文科学教育馆为台北市政府教育局所属,成立于 1996 年,为全球现今规模最大的科学博物馆之一。目前馆内设施包括使用虚拟现实与扩增实境技术模拟太空实际场景的展示场、宇宙探险区、宇宙剧场、立体剧场、天文教室、图书馆、圆顶天文观测室等,其中大多数规模都具有国际一流的水准。该馆配备了丰富的文字与影音咨询,为面向大众普及天文学知识提供了绝佳的场所,目前也成为台北市旅游的标志性景点之一一

表 3 - 24　台湾校外机构科学素质培养活动概况

活动项目名称	简介
中小学科学展览会	台湾中小学科学展览会是一项台湾层级活动,始于 1960 年,50 余年来培养了众多科学研究人才。来自各地中小学的作品经地方展览后荐送参展,影响所及极为广泛。台湾中小学科学展览会致力于培养学生对科学事物的基本态度、方法、观念,提升学生对科学研究的兴趣,推动教育教材改革,希望能鼓励教师和学生深化生活中的科学经验,使科学研究为好奇心驱使,培养学生参与科学研究的积极风气

续表

活动项目名称	简介
台湾国际科学展览会	台湾国际科学展览会在 1982 年时为台湾中小学科学展览会选派学生代表参与国际科学竞赛,2002 年鉴于受邀参与国际代表队增多,参加件数逐年增加,综合各方意见将活动更名。台湾国际科学展览会每年都有来自欧、亚、美、非等各国代表学生参与,他们以优秀的科学作品与全球中学生进行科学研究成果交流,其选拔的学生在国际赛事中表现也相当突出
都市博物学家养成计划	近年来,科学教育逐渐强调生物多样性保护的重要价值。都市博物学家养成计划希望使学生具备生态调查技能,建立生态监测系统,推广博物馆周边生态情报地图,以期在未来能够长期推动、增加监测腹地,扩大影响力。该计划帮助学生验证绿岛效应,了解公民科学的概念,进而加深对都市生态系统的认识。计划主要包含了手绘生态活动、都市绿地生态监测团队培训营、快闪全民科学家活动等
高中天文营	高中天文营迄今已举办六届,每届都会拟定不同的主题,如变星观测、恒星演化与星团观测、网络天文学、天文观测分析实作等,现已成为台湾最重要的高中天文培育计划之一。2019 年以“登月 50 年,深度月球”为主题,多领域介绍天文观测及登月的前沿知识,兼具经典课题与新式课程,由基础至深入,引导学员从天文学家的角度来面对、解析问题,并应用数理知识思考解决问题,使学员在学习过程中增加天文学知识,培养自主探索与分析推理能力,达到培育未来天文人才的目标
行动天文馆校园趴趴GO 计划	该活动的设置目标指向加强学校联系,建立馆校合作的学习模式,通过寓教于乐的教育活动培养学生科学探究与实践能力,提升青少年对天文科学的兴趣,达成推广天文科学教育的目的。主要内容包括培训科学教师与小小解说员、参与展演体验周、谈天说地科普讲座、天文科学演讲等活动形式,主题则包含了当季星空、太阳系比一比等。在其中的观测活动里,计划通过对望远镜的介绍及实际天体观测体验,带领学校师生直接感受及观察宇宙中的奥秘天体,建立正确的天文科学概念

　　对该模块的信息进行总结,可以明确在台湾地区科学相关的博物馆和科技馆等相比于其他国家和地区而言数量整体并不多,且绝大多数都集中在台北市,其中台湾博物馆、台湾科学教育馆、台北市立天文科学教育馆是设施非常完善,科学活动也非常丰富的非正式教育机构。台湾科学教育馆有专门针对青少年的科学素质培养项目计划,其中包括中小学科学展览会、国际科学展览会、青少年科学人才培养计划和青少年跨域整合人才计划等,而青少年科学人才培养计划迄今为止已实施了 30 余年,发展相对成熟。这项计划主要为参加台湾中小学科学展览会和国际科学展览会做准备,而台湾地区参

加国际科学展览会时的成果表现确实也相对突出。

科教馆除了负责基本的科普活动之外，主要还负责台湾中小学科学展览会和国际科学展览会两项大型活动。台湾博物馆的主要馆藏为台湾人文史料与自然产物，与科学素质相关的科普活动主要包括地球科学家培训活动和都市博物学家养成计划。台北市立天文科学教育馆主要科普活动为天文类，与科学素质相关的青少年活动主要包括高中天文营和行动天文馆校园趴趴 GO 实施计划。这种集中财力物力，建立数量少但是质量精的校外培养机构的方案，也可以看作应对人口及地域问题的一种有效解决策略。这一模式非常适合于地域面积狭小，或人口分布集中密度大，以及相关经费投入预算有限的地区学习借鉴。

四　科学素质项目及学校实施案例

通过媒体对台湾地区的评价可以发现，尽管台湾地区在各类国际测评项目中的成绩表现较好，但大众普遍认为台湾学生在科学实践操作能力上的表现并不优秀。台湾教育相关部门充分重视了这一问题，开展了一系列计划和课程来应对这一现状。在实施案例部分，模块选取了台湾"高瞻计划"和"自然科学探究与实作"课程为例，对台湾针对该问题所实行的策略进行简单了解。

为协助高中学校开发实施创新科技类相关课程，提升科学技术教育的质量，台湾科技部门于 2006 年开始推动了第一期"高瞻计划"——高中职科学与科技课程研究发展实验计划，以期促成高中职与大专院校合作，进行新兴科技创新课程研发的目的。这一计划的展开配合了台湾重要教育政策的实施，目的在于鼓励高中职结合新兴科技主题，研发跨学科的学校特色课程。通过学校研发创新课程，改进教学现况，为学生提供更真实的学习情境，从而诱发学生对科技的好奇心与兴趣，培养学生主动探索新兴科技发展过程，并探究科技对人类的影响等能力，进而提升台湾地区中学科技教育的质量，培育具备新兴科学技术素质的公民。

经过第一期（2006～2010 年）及第二期（2011～2015 年）计划的顺利

实施，科技部门与教育部门共同规划于 2016 年起持续推动第三期"高瞻计划"。第三期"高瞻计划"延续了前期课程的开发模式，并灵活应用不同的学习模式与教学策略，给学生提供以真实问题情境为核心的跨学科领域学习经验。课程计划的全过程由高中负责开发课程并进行实验教学，由大学协助中学将新型科技融于课程内容，并于开发课程时给予专业评价、协助培养该课程所需要的师资力量。

第三期"高瞻计划"在 2018 年吸引参与的学校高达 83 所，每个学校都有不同的研究课题，强调通过由下而上的课程研发与教学实验，发展以新兴科学与科技为主题的创新课程，进而带动课程设计、教学模式与学生学习经验的改革。这些不同学校提交的主题内容囊括了当下各种新兴科技领域的话题如绿色能源、无线通信、生物科技、材料科技、医疗照护、精致农业与文化创意等，例如彰化高中团队的研究课题为"运用新型科技探究彰化地区可持续环境计划"，以及虎尾高级中学团队的"融入高中理化与生活科技——高中科学探索馆创客课程的开发与推广"等。

"高瞻计划"的设计之初参考了日本的重点科学高校计划，原是以发展中学学校为主体而设计的课程实验计划。然而台湾的"高瞻计划"在此基础上融入了更多本土化的考量，一反传统由上而下的实施模式，改为由下而上发展的实验课程，并且要求各学校的计划成员应由校长担任计划主持人来辅导计划，并由教师开展行动研究来促成专业发展，形成以学生学习为主体的教育潮流，希望能够提高学生的学习兴趣，一改传统填鸭式与死记硬背的学习方法。"高瞻计划"的最终理念，也是希望促成研发或推广新兴科技课程，培育新兴科技人才，同时提升高中高职的教育质量。

除"高瞻计划"外，台湾还基于《纲要》中对科学素质培养的要求，设计了相应的中学课程来提升学生在科学素质方面的实践操作能力。以普通高中学校的"自然科学探究与实作"这门课程为例，这一课程属于新设的必修领域课程内容，共占自然科学领域部分必修学分数的 1/3，分两学期实施。课程旨在以实践操作的方法，针对物质与生命世界，培养学生发现问题、认识问题、解决问题，以及提出结论并进行表达沟通的能力。课程在内容设置上丰富多样，涵盖了探究本质的实践活动、跨学科的学习素材、多元教学法与评价测量方式等，培养学生自主行动、表达、沟通互动和实务参与的核心素质。

课程给学生提供了体验科学探究历程与问题解决的学习环境和机会，能够促进学生正向科学态度的养成，提升科学学习动机，培养科学思维模式与发现关键问题的能力，并通过实践操作来探索科学知识的发展历程与科学社群的运作特征，基于此更好地认识科学本质。课程透过适当提问、主题探讨和动手操作活动，引导学生体验科学实践的历程，循序渐进地建构高层次独立思考能力及团队合作能力，借助上述目标的达成，使学生成为具有良好科学素质的公民，并能够理性地积极参与公众决策制定，达到最终的科学素质教育目标。

这一领域课程是小学阶段至中学阶段探究与实作国民科学素质培育的延续，故被列为必修课程内容。将科学实践类的知识和操作活动作为学生的必修环节，足见台湾地区对学生科学教育水平的重视，而这种重视也是全方位的，在小学到高中的全年龄段具有连贯一致性。加之"高瞻计划"所覆盖的本地高中数量之多，能够看到上述两个例子在台湾的实施效果是极佳的，可以预见其对大范围的青少年学生科学素质培养与提升能够起到较好的作用。

在上述几个不同模块的信息中，可以了解台湾作为地域发展不均衡、人口高度密集化分布的地区，在科学素质培养上充分顾及了不同城市、不同经济发展条件以及不同学龄段认知水平学生的情况，努力做到科学普及的全年级覆盖。借助本土多元文化的历史背景，在科学教育当中融入了对国际各个国家先进教育理念的借鉴，并通过开发改良形成本土化的教学策略。此外，台湾能够针对学生科学素质现状进行测评反思，发现其中的薄弱环节进行有针对性的重点发展提升。例如在科学教育过程中极其重视学生的实践能力，在掌握相关知识的基础上，强调学生应具备利用科学技能来动手操作的能力，在培养科学素质的同时提高学生对科学的学习兴趣，有效地在科技发展的现代社会中更好地生活，并在未来职业规划中给予科技相关产业更多的关注。这些都是其他国家和地区在该领域发展中能够借鉴的信息。

第四章　科学素质培养现状及建议

第一节　国际科学素质培养实践表现总览

通过前面的分析可以发现，当下世界多国及地区均将学生科学素质培养视为科学教育的首要目标之一。在这些案例中，很多教育发达国家及地区在这一培养活动中的表现具有一定的共性。在本节内容中，排除中国大陆，对其余 9 个国家及地区的案例进行统计总览，其中超过半数的案例都具备如下四个主要特征：强调科学素质培养的连贯性与进阶性、因地制宜设计学习情境、高度关注学生科学学习的兴趣以及充分开发线上资源及活动。有效借鉴国际经验，能够为青少年科学素质的未来发展提供强有力的帮助。

一　强调科学素质培养的连贯性与进阶性

在第一章关于科学素质的内涵表现中可知，对于学生的培养从定义上看具有不同层面的要求，而不同层面的要求难度各有不同，所需投入的时间与精力也各不相同。这些目标达成应当贯穿学生成长过程的始终，本身并非一个一蹴而就的过程。因此在青少年科学素质培养中，首先应当注重其连贯性与进阶性。而在前文所分析的 9 个案例中，有 8 个国家及地区（占比88.9%）均在课程标准与政策文件中明确体现出这种连贯性与进阶性（见图 4 - 1）。

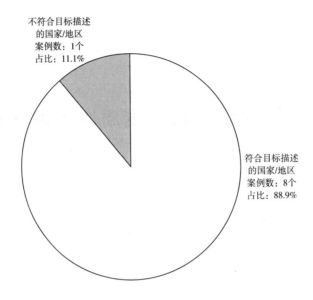

不符合目标描述
的国家/地区
案例数：1个
占比：11.1%

符合目标描述
的国家/地区
案例数：8个
占比：88.9%

图 4 - 1　强调培养连贯性与进阶性的案例统计

　　所谓发展连贯性（Developmentally Coherent），指从小学到高中阶段的培养要求应当在大方向上相统一，其目标都整体指向科学素质的要求，在考虑各个学龄段学生应具备的理解水平上，不出现其中某个学段的要求断层或突然拔高，要让学生在整个青少年阶段处于科学素质稳定持续提升的状态。美国科学促进协会及国家研究委员会也指出，科学素质的培养要具有良好的连贯性和一致性，即内容应当全部指向科学素质，并且在各个学段内所学习的内容应当能够良好的衔接。与此同时，这种科学素质的培养过程还要符合青少年学生从小学到高中的不同认知发展规律。

　　对于连贯性的要求在很多案例当中体现得都非常明显。例如新加坡教育部文件中建立的"21 世纪能力与科学素质"（The 21st Century Competencies and Scientific Literacy）的概念贯穿各学龄段及学科的课程要求中，小学和中学阶段的培养方向始终保持一致；与之相似的，芬兰则在《国家基础教育核心课程标准（2014 版）》（*National Core Curriculum for Basic Education 2014*）中提出了"横向能力"的概念，对标让学生成为良好公民所需的不同领域的知识与技能，并对全年龄段的学生均相统一的明确要求；加拿大在《科学学习目标公共纲要》（*Common Framework of Science Learning Outcomes*）中也对小学到中学科学课程中的科学素质提出了全面连贯的要求等。

学习进阶（Learning Progressions，LPs）的概念更多地出现于学生学习科学概念和知识的过程中，它本身强调了一种从小学到高中延续的、逐渐复杂化的、符合认知发展规律和逻辑的思维过程。在这里可以将其基本内涵延伸到对于学生的科学素质培养当中。这种进阶性指在连贯性的大前提下，青少年科学素质培养应依照不同年龄段的认知水平和发展规律，提出不同的要求侧重。例如在科学素质当中提到要让青少年能够"利用所学的科学知识，有效参与社会决策，成为为社会负责的良好公民"，然而这一要求对于10岁左右的小学生而言则是较难达成的。这一阶段的青少年可能尚未掌握足够多的必要科学知识，也不具备完善的科学思维能力，因此无法依赖这些知识技能来很好地参与社会决策。这一进阶的过程就是由学生的认知发展水平所决定的。

依照各国及地区标准文件的分析可以发现，在青少年科学素质培养中的这种进阶性呈现了一定的规律，其大致体现为在小学阶段重点强调青少年对待科学的态度，培养学生热爱科学、学习科学的兴趣；中学阶段则着重强调对科学知识的理解、对科学技能特别是探究能力的掌握以及科学思维习惯的养成；而在高中阶段则在深化上述要求的基础上，开始着重强调学生解决问题的能力、运用科学更好地生活以及培养学生的社会责任感，有效参与社会决策的过程。

在具体的案例当中，对进阶性表现最为明显的是美国。其在《下一代科学教育标准》（*Next Generation Science Standard*，NGSS）中对学生科学素质的培养要求即遵循了学习进阶的基本模式，在大方向一致的前提下，对不同年级的学生提出了不同的要求，例如先要求学生掌握核心概念，再要求学生解决生活中的问题，最后要求学生能够面对社会和环境进行决策；中国香港地区的政策要求则从整体上充分借鉴了美国的模式，在不同学段侧重科学素质培养的不同方面；此外，英国在本国青少年科学素质培养中也遵循了这一规律,在小学到高中阶段(Stage1～4)分别提出了稍有不同的要求,具体体现为对于同一方面的要求在具体难度设置上有所区分,其中小学和低等中学科学素质相关内容阐述相对基础且要求较低,中学阶段阐述更为深入,高中阶段则分别对科学素质不同方面给出了更复杂的子目标。

在青少年科学素质培养的过程中,上位化的课程标准与政策文件起到了重要的引领作用。其对教学所提出的目标和要求,将会直接影响教师在课堂中的教学行为,进而作用于学生的成长。若这些要求不具有连贯性,在学生的发展过程中出现某些年龄段的缺失断层,很可能会错过某些科学素质培养的关键时间点,导致后续培养工作出现衔接困难甚至倒退;而若要求不具备进阶性,则在难度设置上会遇到很多问题。难度整体偏低会导致高年龄段学生的培养工作失去挑战,而整体偏高则会对低年龄段教学工作的实施造成困扰。故连贯性与进阶性的统一,是青少年科学素质培养过程中值得各方教育研究工作者加以重视的首要问题。

二 因地制宜设计学习情境

青少年科学素质培养的要求曾明确指出,科学教育活动应当帮助学生将科学知识应用于日常生活和社会中来解决问题、进行决策,从而有效提升学生的社会责任感。这意味着在设计科学素质培养活动及项目时,组织与规划者应当能够做到因地制宜,考虑学习所发生的环境与情境。

在历史上的很长一段时间里,科学教育一直将学生的学习看作知识和概念获取、记忆的过程。这一过程常常脱离了知识存在的情境,成为更为抽象化的内容,而这对于学生科学素质的提升是十分不利的。依照情境学习理论的观点,学习者的知识获取与知识应用应当是相结合的。通过活动来应用知识并不是知识学习的附属品,而是其中一个重要且关键的组成部分。学习者只有通过实践才能获得对于知识的完整理解,并在使用知识的过程中来完善世界观,适应当下的文化体系。

由此,情境化的学习应当更多地关注"学习"与"学习发生时特定的社会情境"之间的关系,将学习视为社会共同参与的特定形式,其本质是是为了获取社会文化实践，让学习者将"对知识的使用"整合为他们参与社会实践的重要部分。这也要求科学教育工作者为青少年提供必要的支持，让他们运用所学知识适应、面对、学习处理复杂的真实的社会情境。

　　然而通过案例分析可以看到，不同国家或地区，甚至同一国家或地区不同城市中的学生所面对的情境、问题和生活条件都是各不相同的。大到地理位置所造成的热带地区学生与寒带地区学生的生活条件、植被类型上的区别，小到同一个省份中城市学生和乡镇学生所面对的居住环境的差异，都会导致科学素质培养需求上的不同。例如光污染、尾气排放等问题，以及农作物栽培和畜牧业等问题，显然就分别适用于不同生活环境中的青少年，对他们参与社会决策与问题解决过程中的帮助也就各不相同。因此在科学素质培养活动和项目的设计过程中，应当针对这些不同的条件，满足不同环境中学生的不同需求，真正做到让每一位学生更好地适应自身所处的生活世界，从本质上达成科学素质培养的目标要求。

　　围绕情境化的学习观点，学者指出学生的学习过程由此也会发生在不同的场景中。这其中不仅包括常规的教室、学校，甚至还包括学生回家的路上、校外参与的培训活动、参观的场馆，甚至自己生活的家庭中。它可以以一次非常模式化的教学或者讲座完成，也可以在学生彼此间讨论一个话题、争论一个问题的答案甚至出于好奇心探索身边的事物的过程中得到完成。很多知识有时无法通过一般意义上的教学加以提炼概括，却在这样的实践过程中真实地发生并迁移了。

　　基于上述情境化学习理论，在案例分析的过程中，这一观念可以更多地发现于一些博物馆、科技馆以及非正式教育机构所举办的各类活动当中。在这一定义下，案例中有 5 个国家及地区（占比 55.6%）着重关注了这种科学素质培养的地域和情境性问题，在活动设计上均融入了大量本土化的元素。需要特别说明的是，在这里定义"符合描述"的案例类型为分析过程中多次且重点关注这一话题的国家及地区，并不意味着其他"不符合描述"的案例对这一概念完全没有提及。当然资料的可获取范围也是需要考虑的重要因素之一（见图 4 - 2）。

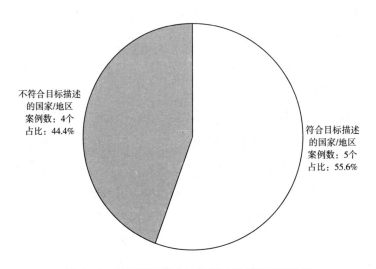

图 4 – 2　强调因地制宜设计学习情境的案例统计

　　活动设计"因地制宜"首先体现在国家与地区的区别上，让本国或本地区的学生了解并熟悉自己所生活的国家或地区。例如新加坡李光前自然历史博物馆（Lee Kong Chian Natural History Museum）在科学普及的过程中充分注重融入本地的物种资源，帮助学生了解东南亚的生物多样性，并基于这些特有物种开展相关研究；中国台湾地区充分考虑了人口在大都市中高度密集的现状，开展了"都市博物学家养成计划"，让在中心城市中生活的青少年能够在活动中建立大城市的生态监测系统，亲自了解并验证绿岛效应；香港博物馆在展览设置上进行了分区，以大量的资源引导学生了解香港地区四亿年来的土地自然生态环境变迁信息，熟悉香港从诞生到发展的过程，以及人类在这片土地上生活迁移的轨迹；澳大利亚开展的植物与种子保护活动，依托澳大利亚土地特征和特有的多种动植物资源，让学生沿设计好的路线了解南澳大利亚的植物种类，树立保护澳大利亚濒临灭绝的本土物种的意识；而加拿大的非正式教育组织则充分依托国家核安全委员会、渔业和海洋部门等相关部门的优势进行科普活动，并在活动中融入了本国的国情特征。例如自然博物馆推出的"北极探险"活动基于真实的加拿大东部北极和格陵兰岛的探险活动设计而成，并融入了博客和互动地图以展示自然的多样性。这些活动均体现出本国或本地区的特色，为学生更好地融入社会生活提供充分的活动条件。

活动设计"因地制宜"还体现在同一国家及地区中不同省市在区域上的区别。这一点在国土面积较大的国家中表现较为明显。例如澳大利亚在 NAP 科学素质测评中发现，偏远和非常偏远地区的学生平均成绩明显低于其他地理位置的学生。针对这一问题，部分案例针对都市和乡镇学生不同的生活环境开展了一些不同类型的活动，但整体上的区分特征并不如前文表现得那么明显。人口分布不均的现状会导致人口密集、经济高度发达的首都地区及附近的学生所取得的科学素质成绩明显较高，这类问题虽然目前尚未达成非常有效的解决共识，但经济发展对学生科学素质发展的影响，将是未来研究值得关注的地方。

三　高度关注学生科学学习的兴趣

在教育心理学中，学生对待知识的态度，将会影响他们学习的效果，而学生对于学习的积极态度是推动学习者进行求知探索的动力之一。当青少年对科学学习产生浓厚的兴趣时，他们便会投入更多的时间和精力主动去学习、探索，这对于学生科学素质水平的提升是十分有益的。

激发青少年对于科学学习兴趣的方式是多样的。它可以表现为在活动和项目设置上更为有趣，例如融入多感官要素、结合游戏动画等学生喜闻乐见的形式寓教于乐，直接激发学生参与活动的积极性和好奇心；此外它还可以表现为让学生在目的性上产生更多的兴趣，例如设置奖励评选机制激发学生想要取得胜利的信念、通过同伴学习和家校合作让学生在社会关系中获得成就感以及让学生明确科学在社会生活中的价值和意义，从而引申出想要主动学习的意愿等。

在这里可以看到，学生对于科学的学习兴趣与学习主动性之间是密不可分的。而学生对于科学学习的主动性或是内驱力，与学习效果有着相互促进的关系。学生具备这种主动学习的意愿有助于提升学习效果，而学习效果的提升、学习成就的获取也会反过来增强学生的学习积极性。可见一旦开启了这样一个良性循环，学生将逐步走上自主提升科学素质的道路。此外，学生对待科学的兴趣一定程度上还会影响他们未来选择从事与科学相关的职业，这不但对于学生个人的成长有所帮助，更是直接影响到国家及地区科技人才的储备情况。

在案例分析当中，可以看到提升学生科学学习的兴趣是各个国家及地区青少年培养的目标之一，其表现方式和手段也非常多样。例如，鼓励青少年对生活的科技社会多提问，并积极对待学生提出的问题；设置各种野外考察和实习项目，让学生能够在大自然的环境中亲自体验科学，感受科学的趣味性；在各类机构中设置如"儿童乐园""仿真环境"等场所，营造轻松舒适、寓教于乐的愉快氛围；通过各类现代化的教学技术资源如 VR 虚拟仿真、录像动画、多媒体互动等形式进行知识的传递，在形式上吸引青少年的注意力，从而提高学习兴趣，等等。

养成良好的科学学习兴趣，是很多教育发达国家及地区对青少年培养的共性需求——特别是在各个案例研究中可以看出，很多校外的非正式教育机构会将提升学生对科学的学习兴趣视为其活动举办的首要目标。相比于更加侧重传授科学知识和概念、进行测评选拔的学校课堂而言，非正式教育机构承担了更多培养学生主动学习的兴趣与习惯的重要任务。如何减少学生在科学学习过程中的竞争压力，培养对待科学技术的积极态度，是未来青少年科学素质水平提升的重要影响因素。在案例中，共计有 6 个国家及地区（占比 66.7%）将提高学生对科学学习的兴趣作为培养活动的重要目标之一。当然，与前一模块相似，需要说明的是，"符合描述"的案例特指着重强调这一观点并在国家标准与政策文件中多次提及的国家和地区。其余"不符合描述"的案例很多也在不同模块中提到学生科学学习兴趣的话题，只是按照强调的程度不及前者而不划归到统计范围内。当然资料的统计范围和可获取度也应当纳入考虑因素当中（见图 4 - 3）。

在这一部分中首先要提到的典型案例是韩国。通过对本国 PISA 成绩进行分析后韩国教育部门发现，本国学生是全部 70 个国家及地区学生中学习兴趣度最低的国家及地区之一。国内研究者参考其他相关调查研究结果也发

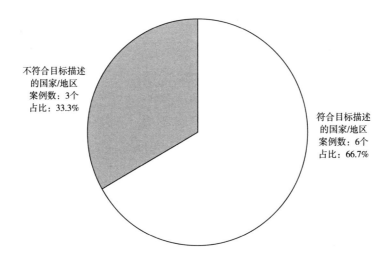

不符合目标描述
的国家/地区
案例数：3个
占比：33.3%

符合目标描述
的国家/地区
案例数：6个
占比：66.7%

图 4 - 3　高度强调学生科学学习兴趣的案例统计

现，韩国学生虽然在各类科学测评中成绩较高，但由于课堂学习竞争压力较大，学生对科学的喜爱程度很低。因此，韩国在全国范围内提出了融合人才教育（STEAM）开发项目，以期通过艺术教育与科学教育的融合，改变学生学习科学的动机。这一项目得到了韩国自上而下从政府到学生家长的全面支持，在本土范围内的影响力是非常大的，并通过多年来的实施取得了非常好的效果。从这一点上可以看出韩国对于养成学生科学学习兴趣的高度重视。

此外，还有很多其他案例也表现出对学生科学学习兴趣的高度关注。例如台湾地区组织的"中小学科学展览会"明确指出，要"以提升学生对科学研究的兴趣为第一任务"；香港地区所组织的"玩转科学嘉年华"活动，其举办的初衷是让青少年在轻松的气氛下享受科学乐趣；澳大利亚学校中的科学拓展项目则融入了很多关于科学的历史背景知识和幽默轶事评论，以期从知识本身的呈现形式入手，在掌握科学知识的同时培养青少年学习科学的热情、兴趣，这也成为活动的重要特色之一；英国维康信托基金会（Wellcome Trust）则在每年投入超过 500 万美元，用以发现和支持那些对年轻人的科学理解和兴趣产生积极影响的活动。这些案例从政策制定、项目设计以及财力资源等各个方面表现出对于学生科学学习兴趣培养的关注。

在这一部分中，另外一个值得特别关注的案例来自芬兰。芬兰成功的教育模式长久以来吸引了全球各地研究者的关注。通过案例分析后研究者发现，芬兰在学生课堂教育上的花费时间并不多，且学生的学习竞争压力也较低。相比于提高在国际上的测评和竞赛成绩，芬兰的教育更多地集中于关注学生的兴趣培养和快乐发展。芬兰科学中心与国家自然历史博物馆不但是非正式教育机构，还成为芬兰旅游活动中的一个重要景点，这说明无论是设施建设，还是其"可玩性"与"娱乐性"，这些机构都具有很高的价值。此外，芬兰私立教育机构和合作组织是其教育市场的一个重要分支，这在其他国家或地区的案例当中是相对少见的。很多娱乐机构如"愤怒的小鸟"合作创立公司（Fun Academy）也致力于帮助学生参与有趣的、快乐的科学素质培养活动，可以说芬兰是真正意义上从各个行业、各个层面应对学生全面成长要求，致力于提高学生科学学习兴趣的典型案例。

四　充分开发线上资源及活动

伴随着 21 世纪科学技术的飞速发展，多媒体与网络资源迅速得到普及，并充斥于公民日常生活中的各个角落。借助数码技术的革新，数字媒体、VR 虚拟仿真、网络直播在线课程、实时聊天与通信工具等的出现让教学方法和模式有了翻天覆地的变化，而科学素质培养工作也在这一过程中不断发展。

线上资源及活动的开发具有无法替代的优势价值，其首先表现在克服线下地理环境上的不足。如前文提到的，地域问题和经济发展水平是影响科学素质教育的重要外部因素。一些国家或地区由于土地面积狭小，无法建造很多科学素质培养场地，也不具备开展大型活动的空间；或是由于经济发展条件不均衡，在同一国家或地区内的青少年科学素质水平呈现差异，这些都是限制科学素质提升的重要问题。通过对出现这些问题的案例分析发现，克服这一问题的一个关键策略，就是充分利用在线资源，借助非正式教育机构的平台开发各类线上活动，让不同地区和环境的青少年可以共享相同的培养活动和计划。

　　除这一首要优势外，线上资源开发还有很多其他的重要特征。首先，线上活动可以扩大单次培训的受众面，线下组织一次活动一般仅汇集几十人，而线上活动可以同时允许成百上千人参与，在投入有限的情况下可以大大提升活动效率，增加产出比。其次，数字化信息媒体的储存便捷，具有很高的复现性。在组织者允许的情况下，青少年在参与培训后可以随时回顾和再次学习相关内容，加深对于科学知识和信息的理解，减少线下活动过后容易遗忘的情况，从而提高学生的学习效果。最后，线上教学资源还能方便全球范围内不同国家及地区教育研究工作者的沟通交流，通过资源和信息的分享，促进青少年科学素质培养工作在全世界范围内的高效开展。

　　基于上述信息共享和交流的考量，在进行案例分析时，研究者在这一部分增添了一个标准条件，即是否能够将线上活动进行及时公开，提供公众开放获取（Open Access）的途径。单纯以网络媒体为工具开展的非公开活动不计入其中。在全部案例中，有 6 个国家及地区（占比 66.7%）的线上活动较多，并具有良好的公开度（见图 4 - 4）。

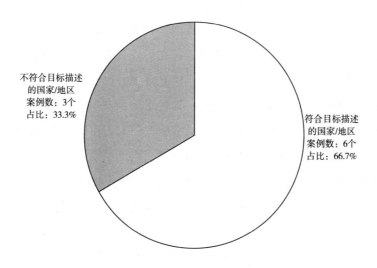

不符合目标描述
的国家/地区
案例数: 3个
占比: 33.3%

符合目标描述
的国家/地区
案例数: 6个
占比: 66.7%

图 4 - 4　高效利用线上资源的案例统计

　　以各个国家及地区的活动为例做一简要说明。例如芬兰的"未来宇航员计划"（Future Astronaut Program）中，每个课时的内容安排和资料在官方网站上都可以直接获取，青少年可以明确整个计划当中的每一个环节，有选择性地参与；澳大利亚科学院（Australian Academy of Sciences）建立了公共传播的渠道，在社交媒体上进行科学知识的传递与普及，希望大多数青少年乃至本国公民可以足不出户，就能在社交媒体上找到自己感兴趣的科学新闻，将科学素质的信息普及公民生活当中，提高大众对于科学学习的兴趣；英国自然历史博物馆（The Natural History Museum）网页上则提供了大量重大自然问题的答案及资料，并鼓励青少年下载学习，其获取方式非常便捷，有效帮助公众深入了解科学知识和科学家的研究故事，在学习的同时培养对于科学的积极态度。在案例分析的过程中，研究还发现加拿大作为一个充分利用线上资源开展科学素质培养的国家，其很多校外机构的活动案例都有非常详细的资料说明，可以提供给全球用户下载使用。这些活动介绍详细，连同实施方案及活动材料同步公开，可以真正方便全球各地的教师及学生独立开展。而新加坡、中国香港等地的科技馆、博物馆的资料大多可以在线浏览，青少年在家中即可搜索到自己感兴趣的科学主题。香港科学馆的团体导览活动同时还会开放线上的免费申请等。

　　除上述提到的利用线上资源进行青少年科学素质培养所具备的各种优势外，对于科学教育研究工作者来说它还存在另外一大优势，即相比于实地观察和纸质材料，在线开展的活动其数字信息收集、存储、调取以及交换是非常方便的。因此只要活动组织者留心，这些活动中产生的数据都是非常宝贵的资源。通过后期对这些数据进行统计分析，研究者可以明确如何在下一步对活动进行革新与修正，促进青少年科学素质培养活动进入良性循环。而线上的环境也可以为活动的宣传、成果推广提供非常多的便利。

　　在这一部分内容中，需要特别提出的一个问题是语言问题。在案例分析的过程中，国际上很多国家及地区的第一语言都并非英语。部分国家及地区对这一问题并没有加以重视，因此这些国家及地区所能寻找到的资源非常有限，甚至出现案例作废的情况。而另一部分非英语母语的国家及地区在这一点上考虑得更加完善，例如在其官方网站和文件中提供双语版本，供非本国及地区人员阅读使用。语言问题是影响活动资源和信息在全球范围内传播推广的重大限制因素，提供英文版本的活动信息，能够大大提高全球范围内用户的信息共享与交流效率，这是非英语母语国家未来进行科学素质培养信息公众开放获取改革的一个考量方向。例如我国国内目前很多机构双语化普及的程度就比较低，很多信息无法面向国际上其他国家及地区的教育工作者开放，这也是我国未来可以多加留意的发展方向。

青少年科学素质培养的话题已经成为当今全球科学教育中的热点话题。通过对不同国家及地区的案例进行分析与总结，能够明确在这一主题下的国际发展趋势，为本国及地区未来开展活动提供借鉴。强调科学素质培养的连贯性与进阶性、因地制宜设计学习情境、高度关注学生科学学习的兴趣以及充分开发线上资源及活动这四个要素，是在案例分析过程中多数国家及地区普遍具有的特点，当然其中值得借鉴的因素也不仅仅局限于上述四个方面。针对不同国家和地区的具体情况，综合考量经济、文化等各种相关因素，找寻适合当地发展的个性化方案，能够更为有效地帮助当地青少年学习科学知识，提升科学素质水平。

第二节　中国科学素质培养建议

中国十分注重各个学段学生的科学素质培养，课程改革与标准文件的制定过程中更是纳入了对"科学素质"要求的考量，以此为出发点设计具有中国特色的青少年培养体系。各类博物馆、科技馆等校外教育机构也在学生科学素质培养上体现出无可替代的价值。在此基础上，通过与国际上其他国家和地区的案例进行比较分析，可以发现中国在青少年科学素质培养上存在不同特征，并依据这些特征为未来发展提供重要的建议。

一　提升学生对科学学习的兴趣

众多研究结果显示，学生对于科学的学习兴趣会影响学生的学习效果，进而影响他们的科学成绩及科学学业表现情况。对于科学素质培养而言，学生的科学学习兴趣更是非常重要的。科学素质关系到学生的日常生活以及未来走入社会发展成为良好的公民，因此对科学学习怀有足够浓的兴趣，能够让学生在终身学习的过程中更加接受、认可科学的积极作用，愿意从事与科学相关的职业，从而切实影响他们的生产生活经历。

通过韩国的案例分析可以看到，韩国作为一个科学学业水平非常突出的国家，其国内学生对于科学学习的兴趣是极低的。这在某些方面要归因于韩国国内大城市人口密集、竞争压力大，考试压力给学生带来负面影响，而这一点与中国一些经济较发达的城市是十分类似的。如何提升学生学习兴趣在韩国国内引起了科学教育工作者的高度重视，STEAM 教育也正是在这样的背景下在韩国国内大范围普及的。这其中也存在很多值得中国借鉴的因素。

然而教育体制的优化不是一个一蹴而就的过程。面对中国目前人口众多、人口密度分布不均、经济发展水平与教育资源分配也不均衡的现状，一时间想要减轻升学压力是不现实的，这在国际上很多国家中也是如此。而教育政策与考核政策又直接决定了学校教育的基本模式，因此在这一问题的解决上，有时也需要借助其他机构及研究者的努力。

首先就是各类从事或参与科学教育工作的非正式教育机构和企业。参考国际上一些非正式教育机构的活动案例可以看到，提升学生对待科学的兴趣是这些机构的首要目标之一。特别是针对一些年龄段较低的青少年群体，活动的设计要优先考虑如何吸引其参与热情，这能够在他们初期接触科学的过程中打下一个正向积极的态度基础，让他们在未来学校教育中更加愿意接受、喜爱科学。而芬兰游戏制作公司的参与经验也值得国内借鉴。支持和鼓励游戏厂商参与到与学校、研究机构、校外场馆的合作中去，设计一些寓教于乐的游戏和 App，让学生在玩耍的同时潜移默化地接收科学知识，这也是培养学生科学学习兴趣的方法之一。

与此同时，在中国仍有较大发展空间的是竞赛活动的设置。相比于国际上的科学素质相关竞赛活动，中国一些竞赛活动在设置上过于功利化。例如过分强调人才选拔的作用，使得竞赛活动基本受众常常为科学学习的尖端学生，并且将这些学生、学校获奖表现与考评挂钩，甚至影响学生今后的升学考试，从而导致学生逐渐将这些竞赛同化为升学压力的一部分，失去了原有的激励作用。因此，未来的竞赛活动可以融入更多的趣味性成分，吸引更多不同水平的学生参与其中，同时设置多种奖励机制代替考评加分的机制，在条件允许的情况下也可以借鉴美国的竞赛模式，针对高年级的青少年发放适当的奖金，削弱竞赛中存在的与升学挂钩的功利性元素，减轻学生在校外的学习压力，为学生营造轻松参与的环境和氛围。

科学素质培养活动中的趣味性提升能够显著改善学生对待科学的态度，让学生更加乐于并善于参与科学相关的话题讨论和知识获取过程，主动将科学知识应用于日常生活当中，提升未来从事相关职业的兴趣，更好地成为一名具有科学思维意识的社会公民，而这也是青少年科学素质培养的最终目标。

二　完善校外教育机制及合作机制

科学教育是一个复杂完整的综合系统，特别是针对科学素质培养而言，学校等正式教育机构不可能独自承担全部的培养工作，达成全部的培养目标，因此校外教育机构在青少年培养的工作中承担了重要角色。在科学素质培养的过程中，科技馆、博物馆、非营利性组织机构甚至一些教育相关的企业的共同努力是至关重要的。这些非正式教育机构和家庭在活动设计、培养模式以及内容选取上不受升学考试的限制，因此灵活度更高，能够进行及时全面的调整，与正式教育之间形成科学素质培养的双向互补（见图4-5）。

在中国，非正式教育机构和场所每年都会吸引大批次青少年到访。相比于学校，这些机构能够更多地承担将科学与生活相联系的任务，锻炼学生有效解决实际问题的能力——这也是科学素质培养要求中的重要方面，而这些在时间有限的正式课堂教育环境中是不易实现的。目前，非正式教育机构的硬件建设与软件活动组织等在国内发展迅速，一部分机构甚至能够达到全球领先水平。然而在案例分析的过程中研究者也发现，非正式教育机构在教育机制特别是合作机制上存在很大的发展空间。

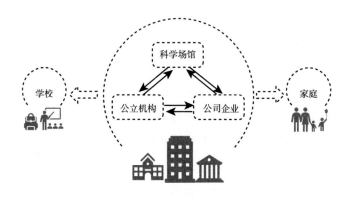

图 4 – 5 校外教育机构的合作指向示意

正如学校教育无法承担全部的培养工作，非正式教育机构和组织同样也无法独立完成教育的综合目标。因此，校外机构的合作机制建设就显得尤为重要。在这里，校外机构的合作主要指向两个方面，分别为馆校合作，以及与家庭和社区建立联系。

首先来看馆校合作。西方馆校合作的历史可以上溯到 19 世纪晚期至 20 世纪初期，早期萌芽的合作关系实际上反映了公立博物馆的建立初衷，即发挥教育的功能。在中国，馆校合作并不是一个非常新鲜的话题，各级教育部门和研究者也在不断投入相关工作当中。然而中国国内的馆校合作尚未实现自身的发展潜能。虽然学生群体占据了科技场馆参观人数的半数以上，但是这些场馆与学校之间建立的合作关系仍旧不够深入。更多的场馆只是作为独立于正式教育机构之外的科学教育资源存在，而很多机构在活动设计上也缺乏学术上系统理论的支持。

针对这一现象，非正式教育机构应当致力于教育模式的进一步完善。第一，应当在校外教育机构中引进高校等专业研究人员及相关机构，将研究者的理论背景和学术能力与校外机构的实践及活动开展优势相结合，使校外机构的培养工作系统化、更有针对性。第二，注重与机构所在地的中小学深入交流。了解一线学生的实际培养情况能够帮助场馆设计更符合学生成长需求的活动，而通过与校外机构的交流，学校教师则能获取更多的资源条件，鼓励学生多多参与校外组织的各类科学素质培养活动。第三，在可能的情况下，可以在校外机构建立专门服务于青少年群体的部门，与教师共同完成项目设计。例如，仿照芬兰等国家，将科技馆、博物馆作为第二课堂，或将相应的参观及活动参与纳入课程体系当中。

与家庭和社区建立联系则是非正式教育机构应当关注的第二个方面。虽然学校与家庭之间建立联系的"家校合作"概念由来已久，但科技馆与家庭间建立合作模式却较晚出现。事实上，家庭作为学生的第一所学校，对于青少年的成长成才尤为重要。特别是针对科学素质而言，家庭潜移默化的培养模式能够非常显著地影响学生的生活习惯及对待社会事件的态度，而这些都是科学素质培养中的重要要求。

针对这一问题，校外教育机构面向家庭和社区的投入就显得尤为重要。这种投入一方面可以指向宣传普及，另一方面可以指向家庭科普参与。例如对于前者，校外机构可以与社区建立联系，面向家庭进行科普宣传，协助组织科普活动日等社区活动建设，甚至可以按照社区划分免费开放日，鼓励更多的家庭带领青少年儿童接触非正式教育模式；对于后者，场馆一方面可以更多地设计家长与孩子共同参与的活动，促进家长与青少年科学素质水平的共同提升，为青少年在家庭中营造科学氛围提供帮助，另一方面也可以设计更多可以"带回家"的活动项目，鼓励家长和学生在家中参与场馆活动，足不出户提升科学素质水平，等等。

校外非正式教育机构是学生科学素质培养的沃土。这些机构具有得天独厚的场馆资源，其自身也有普及科学教育的重要目标。如何利用和高度开发在青少年科学素质培养中的这一优势资源，值得研究者与决策者多加思考。

三　注重活动成果的公开及反思

在对各类案例进行分析后可以发现，青少年科学素质培养活动从构思到实践一般会经历几个重要的环节。其一，活动设计，通过有效的框架支撑和内容融合，为后续活动实践搭建有效的理论背景；其二，活动宣传，即借助媒体或教育相关资源广而告之，吸引更多的青少年儿童参与其中；其三，实施，即依照活动设计推进实践，必要时也会根据实际环境情况进行改良与变化。上述三个环节在各类案例分析的过程中都是非常常见且完成度很高的步骤。

然而在中国，包括中国香港及台湾地区的案例中能够看到，大量的活动非常重视前期宣传及活动实施，却缺少了后续活动反思的步骤。其中主要表现为对活动实施效果没有进行深入的分析，在各类公开信息中也较难发现历年活动的举办情况以及改进和修正的内容。以图4-6所示的活动流程为例，图中虚线部分的环节为当前科学素质培养活动中表现较弱的模块。

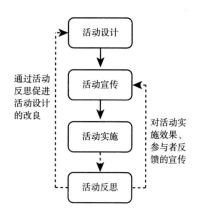

图4-6 活动流程

在案例分析中，活动反思的缺失主要体现在两个方面。第一，缺乏有效的宣传反馈。大部分案例并没有公开活动效果，或者只是以简单的"新闻报道"的模式描述活动过程，确认活动圆满完成，很少有较为详尽的对整个活动实施过程的思考，更极少有通过系统化的问卷收集、参与者访谈获取的反思资料。而这些对活动效果反思的宣传是十分必要的，它一方面可以帮助其他青少年及教师、家长了解活动的具体效果，更为有效地选择适合自己参与的活动，另一方面也可以为其他活动设计者提供经验，从整体上促进中国青少年科学素质培养活动水平的提高。

第二，活动反思缺失还体现在缺少持续性的改进计划。很多活动是以一次性的方式开展的，经过一次实施参与后便终结；而一些每季度或每年持续开展的活动则大多采用了同样的方案进行单纯的多次重复，并没有在后续过程中进行太多调整变化。一般而言，活动设计阶段通常参考了大量理论成果，这些成果可以在一定程度上提升实践的有效性，但终究会因为环境和群体的不同而导致理论与实践的偏差。因此，通过反思改进来调整活动设计方案，对于一个持续性活动的高效开展是必不可少的。此外如前文所提到的，科学素质指向的是学生面向现代生活和社会的必要能力，而现代社会则是处于不断变化和飞速发展过程中的。这就要求相关的培养活动依照学生及环境情况，不断做出调整和改善。

由此可见，活动的实施完成并不是整个培养过程的终结，设计者与工作者应当对后续成果进行进一步的分析，并加大成果分析的公开力度，这直接指向了活动后续的调整与改善，提升活动效果，也为其他活动设计提供重要的参考资料。

四　将国际发展成果落实到一线实施

借助现代媒体和网络技术的发展，全球各地科学教育工作者间的交流变得越发便捷，而科学教育研究成果的传播和推广速度也越来越快。借鉴国际上教育发达国家的研究成果，引入相关的科学教育手段与策略进行本土化的改良，是促进我国科学教育快速发展的一个重要手段。

事实上，近年来中国在这一方面的表现整体较好。诸如探究式教学、STEM 教育、社会性科学议题教学、翻转课堂、基于项目的学习等各类教学手段和方法在国内普及度较高，一部分内容甚至能够达到与国外合作共同发展的水平。然而综观目前国内的实践研究成果却也存在一定的问题，即多数合作与新方法的探索集中在高校等科学教育研究者身上，其成果也更加偏向理论化。在一线学校层面缺乏实践性的合作与沟通，是中国国内大部分地区青少年科学素质培养存在的一个重要问题。

学校层面与国际成果的直接对接，对于科学教育的发展是非常重要的。对于任何科学教育研究而言，无论经历怎样的过程，其成果都应指向作为最终受益者的学生，即科学素质的培养工作最终应当促进每一位青少年学生的科学素质水平提升。政策及方法在学校层面的实施，能够直接确保顶层设计中科学教育培养要求和期望的真实落实，这对于青少年科学素质发展来说是至关重要的步骤，值得中国相关研究者在未来发展中多加关注。

在具体实施的过程中，成果在一线落实需要多方的共同努力，其中需要但不仅限于以下三个方面：第一，教师自身的重视。作为直接接触青少年群体，在学生发展过程中接触最多的人，学校中科学相关学科的一线教师是科学素质培养工作的主力军。科学教师需要具备自我提升和自我发展的意识，通过参与教师研讨、与国内外高校研究者建立联系、参与教师专业发展培训等一系列方式了解国际青少年科学素质培养的最新成果，并乐于对课堂教学进行反思与变革，将这些新的方法与策略真实融入教学当中。此外，由于科学素质的培养还涉及很多非正式教育的途径，其目标也定位于成为良好的社会公民，因此教师还应当多多关注班级内学生的方方面面，不只是学习，也要引导学生发现并解决生活中的问题，鼓励学生参与社会非正式教育中的各类活动，全方位提升自身的科学素质水平。

第二，领导层的决策。在我国当前的教育背景下，几乎所有地区的学生都面临严重的升学压力。课时数不足，工作量大，对考试要求严格是很多教师面临的现实问题。很多教师具备强烈的自我提升意识，却由于带班工作量大，没有太多时间参与专业发展活动；还有一部分教师在参与培训的过程中对于新的教学方法具有很高的认可度，但受限于学校对考试成绩的严格把控而丧失了全方位培养学生科学素质的信心。因此，学校领导层的支持、校长领导力等要素也是目标达成的关键点。关心学生全面成长成才、不将考试成绩作为唯一评价标准的学校领导者成为影响学校全面接纳科学素质教育的重要因素。与此同时，一个关注青少年科学素质发展的领导也会带动校内其他教师重视这一领域，进而促进上述第一个目标的达成。

第三，第三方机构的努力。正如前文所提到的，青少年科学素质培养是多方面的。学校正式教育在有限的时间内可能更多地集中于帮助学生学习相关的科学知识，掌握相应的科学技能与思维方式。而科学素质的培养很大一部分还集中于解决生活中存在的问题、参与社会决策等方面。由于非正式教育一般没有严格的课时限制，因此活动在设计上的灵活度较高，相关机构工作者的研究能力一般也优于一线教师，因此在吸收、转化国际研究成果方面也具有更多的优势。这些机构可以多加关注引进培养模式的相关工作，帮助在校学生及教师了解并尝试最新的研究成果。

最后，国际发展成果在我国一线落实的过程中，教育研究工作者还应当注意本土化改良的问题。由于每个国家的教育背景都具有特殊性，因此有时简单照搬国际先进成果的实施效果不一定会很好，实施过程中也会遇到新的问题。研究者和教师们也应当依据学生的反馈及时做出调整，真正形成适用于本国、本校、本班学生科学素质水平提升的有效手段。

参考文献

［1］ 刘恩山等：《中小学理科教材难度国际比较研究丛书：中小学理科教材难度国际比较研究（高中生物卷)》，教育科学出版社，2016。

［2］ 吴瑛：《加拿大中小学科学课程概述》，《吉林省教育学院学报》2006年第4期。

［3］ 中华人民共和国教育部：《普通高中课程方案（2017年版)》，人民教育出版社，2018。

［4］ 中华人民共和国教育部：《普通高中物理课程标准（2017年版)》，人民教育出版社，2018。

［5］ 中华人民共和国教育部：《普通高中化学课程标准（2017年版)》，人民教育出版社，2018。

［6］ 中华人民共和国教育部：《普通高中生物学课程标准（2017年版)》，人民教育出版社，2018。

［7］ 中华人民共和国教育部：《义务教育小学科学课程标准》，人民教育出版社，2017。

［8］ 中华人民共和国教育部：《义务教育初中生物学课程标准（2011年版)》，人民教育出版社，2011。

［9］ 中华人民共和国教育部：《义务教育初中物理课程标准（2011年版)》，人民教育出版社，2011。

［10］ 中华人民共和国教育部：《义务教育初中化学课程标准（2011年版)》，

人民教育出版社，2011。

[11] 王泉泉、魏铭、刘霞：《核心素养框架下科学素养的内涵与结构》，《北京师范大学学报》（社会科学版）2019 年第 2 期。

[12] 核心素养研究课题组：《中国学生发展核心素养》，《中国教育学刊》2016 年第 10 期。

[13] 香港特别行政区政府教育局：《科学教育学习领域定位》，https：//www. edb. gov. hk/tc/curriculum - development/kla/science - edu/index. html，2020 年 2 月 7 日。

[14] 香港特别行政区政府教育局：《科学教育学习领域课程指引（小一至中六）》，https：//www. edb. gov. hk/attachment/tc/curriculum - development/kla/science - edu/SEKLACG_ CHI_ 2017. pdf，2020 年 1 月 23 日。

[15] 教育部国民及学前教育署：《十二年国民基本教育课程纲要（自然科学领域)》，2018。

[16] 教育研究院：《十二年国民基本教育实施计划书 提升国民素养实施方案》，2017。

[17] 台北教育部门：《科学教育白皮书》，2003。

[18] 宋娴、孙阳：《西方馆校合作：演进、现状及启示》，《全球教育展望》2013 年第 12 期。

[19] 교육부. 초등학교 교육과정 [S]. 서울：교육부，2018.

[20] National Commission on Excellence in Education, A Nation at Risk：The Imperative for Educational Reform, *The Elementary School Journal*, 1983.

[21] Matthews, M. R., *Science Teaching*：*The Contribution of History and Philosophy of Science*. Routledge, 2014.

[22] Borko H., Professional Development and Teacher Learning：Mapping the Terrain, *Educational Researcher*, 2004, 33（8）.

[23] Desimone, L. M., Improving Impact Studies of Teachers' Professional Development：Toward better Conceptualizations and Measures Improving Impact Studies of Teachers' Professional Development. *Educational*

Researcher, 2009, 38 (3).

[24] Wilson, S. M., Professional Development for Science Teachers, *Science*, 2013, 340 (6130).

[25] Feinstein N. Salvaging Science Literacy, *Science Education*, 2011, 95 (1).

[26] Roberts, D. A., Bybee, R. W., *Scientific Literacy, Science Literacy, and Science Education*. Handbook of Research on Science Education, Volume II. New York: Routledge, 2014.

[27] Laugksch, R. C., Scientific Literacy: A Conceptual Overview, *Science Education*, 2000, 84 (1).

[28] Education, D. F., *The National Curriculum in England: Framework Document.* London: Department for Education, 2013.

[29] Opetushallitus, *National Core Curriculum for Basic Education* 2014. Helsinki: Finnish National Board of Education, 2016.

[30] OECD, OECD Reviews of Innovation Policy: Finland 2017, *OECD Reviews of Innovation Policy*, Paris: OECD Publishing, 2017.

[31] NGSS Lead States, *Next Generation Science Standards, Volume* 1: *The Standards——Arranged by Disciplinary Core Ideas and by Topics.* Washington D. C. : The National Academies Press, 2014.

[32] National Research Council, *A Framework for K – 12 Science Education: Practices, Crosscutting Concepts, and Core Ideas.* Washington D. C. : The National Academies Press, 2011.

[33] American Association for the Advancement of Science, *Project* 2061: *Science for All Americans.* AAAS, Washington, D. C. , 1989.

[34] American Association for the Advancement of Science, *Benchmarks for Science Literacy.* Oxford University Press, 1994.

[35] The Council of Ministers of Education, *Pan-Canadian Protocol for Collaboration on School Curriculum: Common Framework of Science Learning Outcomes.* Toronto, Ontario: council of ministers of education,

Canada, 1997.

[36] ACARA,The Australian Curiculum Science, https: //www. australiancuriculum. edu. au/download/DownloadF10, 2019 – 9 – 12.

[37] Ministry of Education, Science Syllabus Primary, https: //www. moe. gov. sg/ docs/default – source/document/education/syllabuses/sciences/files/science – primary – 2014. pdf, 2020 – 1 – 23.

[38] Ministry of Education, Science Syllabus Lower Secondary Express Course, Normal (Academic) Course, https: //www. moe. gov. sg/docs/default – source/document/education/syllabuses/sciences/files/science – lower – secondary – 2013. pdf, 2020 – 1 – 23.

[39] Ministry of Education, Science Syllabus Lower and Upper Secondary Normal (Technical) Course, https: //www. moe. gov. sg/docs/default – source/ document/education/syllabuses/sciences/files/ science – lower – upper – secondary – 2014. pdf, 2020 – 1 – 23.

[40] National Research Council, *How Students Learn*: *History*, *Mathematics*, *and Science in the Classroom*. Washington, D. C. : The National Academies Press, 2005.

[41] Brown, J . S . , Collins, A . , Duguid, P . , Situated Cognition and the Culture of Learning, *Educational Researcher*, 1989, 18 (1) .

图书在版编目（CIP）数据

青少年科学素质培养实践研究 / 李诺，黄瑄，李秀
菊著. -- 北京：社会科学文献出版社，2020.12
（青少年科学素质丛书）
ISBN 978 - 7 - 5201 - 7479 - 4

Ⅰ.①青… Ⅱ.①李… ②黄… ③李… Ⅲ.①青少年
- 科学技术 - 素质教育 - 研究 - 世界 Ⅳ.①N4

中国版本图书馆 CIP 数据核字（2020）第 255952 号

青少年科学素质丛书
青少年科学素质培养实践研究

著　　者／李　诺　黄　瑄　李秀菊

出 版 人／王利民
责任编辑／张　媛

出　　版／社会科学文献出版社·皮书出版分社（010）59367127
　　　　　　地址：北京市北三环中路甲 29 号院华龙大厦　邮编：100029
　　　　　　网址：www. ssap. com. cn
发　　行／市场营销中心（010）59367081　59367083
印　　装／三河市尚艺印装有限公司

规　　格／开　本：787mm×1092mm　1/16
　　　　　　印　张：12　字　数：183 千字
版　　次／2020 年 12 月第 1 版　2020 年 12 月第 1 次印刷
书　　号／ISBN 978 - 7 - 5201 - 7479 - 4
定　　价／89.00 元

本书如有印装质量问题，请与读者服务中心（010 - 59367028）联系